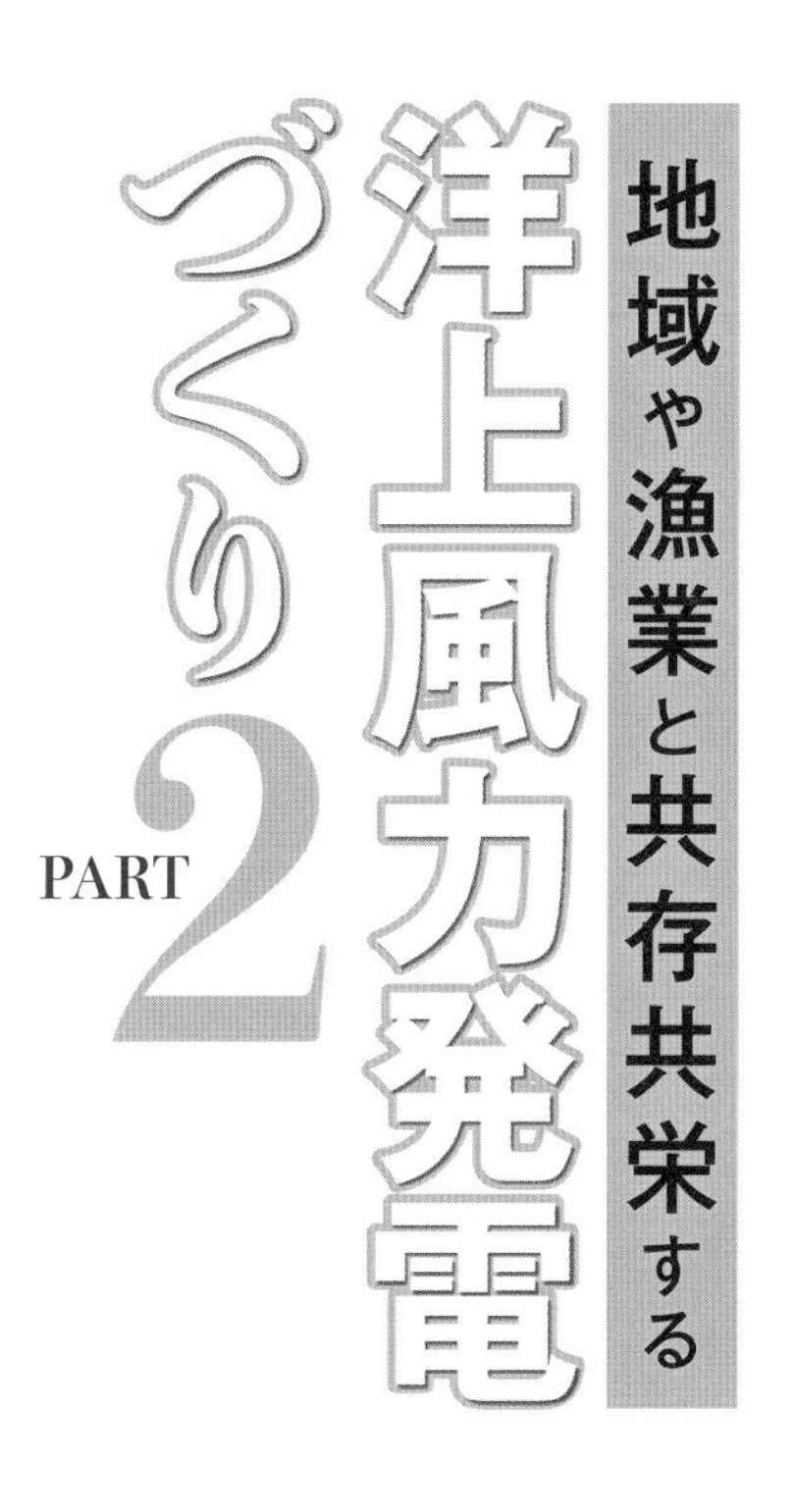

渋谷正信

KKロングセラーズ

はじめに――ポジティブな取り組みが希望ある洋上風力発電を生む

二十数年前から、水中工事とは別に日本各地の海に潜って、海の中の環境や生態系がどうなっているのかを見てきました。潜水士として半世紀余り、海の中を潜り続けて浮かび上がってきたのは、日本の沿岸の生物・漁業環境は重傷ともいえる状態に変化していることです。そのひとつに、海藻が消えて砂漠のようになっている〝磯焼け〟があります。

コンブやアラメ、カジメなどの大型の海藻が磯根から消失し、海底が焼け野原のような状態になっている磯焼けの海、その海中は殺伐としています。海藻はコンブやワカメのように食べ物としても重要ですが、海の生態系、特に沿岸域においては魚貝類の産卵場や生育場、そしてエサ場など、海の食物連鎖の基礎を成しているところです。その日本の沿岸部に豊かに茂っていた海藻が消失し、海底が砂漠のようになっているのです。

海の中の環境変化は、漁業に大きな打撃を与えています。日本のほとんどの海域で漁獲高が減り、最盛期の三分の一しか魚が獲れなくなったといわれています。そして漁業を生業としている方々は、その影響を強く受けています。

そのような日本の海に、二酸化炭素を出さない洋上風力発電の風車を設置するプロジェクトが各地で進められつつあります。それはカーボンニュートラルに向けた国家プロジェクトのひとつです。

一方、日本の海は漁業を営む漁業者さんが先行利用している生活の場です。その日本の海で洋上風車を建てるとしたら、どうしてもその海域の漁業者さんたちの理解と協力が必要になります。

私は「洋上風力発電の理解醸成」などの勉強会や講演に招かれて、日本各地の地域・漁業者の方々と接することが多くあります。また洋上風力発電と漁業が共存共栄するための実態調査を依頼されることもあります。そんな中でよく耳にするのは、多くの漁業者さんは洋上風力発電施設ができると、「漁場が減るのではないか?」「漁業の衰退に拍車をかけるのではないか?」という危惧感を抱いているということです。

このような日本の海・漁業環境の実態の中で洋上風力発電を広めるためには、日本の海の現状を知り、そして漁業者さんたちが抱いている不安を解消する必要があります。

洋上風力発電はCO_2を排出しない地球環境に貢献する発電技術です。しかし、それだけでは漁業者さんや地域の方々の不安を解消することはできません。

「洋上風力発電施設は漁場を奪わないこと」

さらには
「洋上風力発電は海の環境や漁業を良くする可能性を秘めていること」

などをわかりやすく伝えることが必要不可欠です。

そのためには、漁業者さんと共に海を調査し、その海域を「可視化（見える化）」することが大切です。


本書では、洋上風力発電は地球の気候変動の鎮静化に貢献すると共に、海の環境を改善し、海に生きる漁業者さん、地域の方々が豊かになるためにはどうしたらよいのかを、事例を交えてお伝えしたいと思います。

二〇一四年から、長崎県の五島で行われた浮体式洋上風力発電の実証実験において、漁業協調・共生策モデル構築の担当リーダーを務める機会がありました。五島の海に潜って調査をし、洋上風力発電施設がつくられることで海がどう変化するのか、それを見ることができたのです。

その結果、洋上風力発電が漁業や地域の発展に大きく貢献をするということを確認できたのです。

本書では、五島や銚子といった洋上風力発電が具体的に行われている地域の例も紹介しながら、今の時代だからこそ、日本の海・漁業にマッチングした洋上風力発電が必要だということをお伝えできればと思っています。

洋上風力発電の設置で、漁業や環境への悪い影響があるかもしれないとの不安もあるでしょう。しかし一方で衰退の一途をたどる漁業や地域の衰退も見放すことは出来ないはずです。

洋上風力発電と共に漁業や地域の未来を創っていく、そのようなポジティブな受けとめ方と活動が、希望ある洋上風力発電を生んでいくのだと思います。

渋谷正信

もくじ

第二章　地域も漁業者も幸せになる洋上風力発電

第三章 日本の海に合った洋上風力発電を実現する

第四章 洋上風力発電で海を豊かにする

第五章 潜水士からエコロジカルダイバーへ

第六章 「水面下から地球を支える」

エピローグ——善き経済効果を生み出す洋上風力発電づくり

第一章

洋上風力発電で活気を取り戻す日本の海

——長崎県五島と千葉県銚子の実証例

洋上風車の下には別世界が広がる

前著『地域や漁業と共存共栄する 洋上風力発電づくり』では、「洋上風力発電は地球環境に貢献するエネルギー源として楽しみにしているだけでなく、海の環境を良くして、さらには漁業を活性化させる切り札になるでしょう」と伝えました。

それだけ洋上風力発電は大きな可能性を秘めているといえます。

日本中の海に半世紀余り潜ってきた経験から、温暖化で海が大きなダメージを受けていることを目の当たりにしてきました。漁業においては漁獲高も減ってきて、跡を継ぐ若者も激減し、高齢化がすすみ、日本の漁業は崖っぷちに立たされていると思います。

一方、私が見てきた洋上風力発電の水面下では別世界が広がっています。洋上風力の海中部が魚礁となって、海藻やソフトコーラルが着生し、プランクトンが集まり、そして魚たちが集まり育っているのです。

ヨーロッパは洋上風力発電の先進地域です。何度も施設を見学に行きましたが、そのヨーロッパの洋上風車の水中でも魚や生物は増えていました。

私は三十数年前の東京アクアライン建設時に水中施工を担っていました。その時、「風の塔」や「海ほたる」の海中が大魚礁化しているのを目の当たりにしました。以後、海洋構造物は魚礁化する可能性があると自主的に研究を続けています。

そのおかげでヨーロッパの洋上風力発電を見て、「もしかしたら、洋上風力発電の水中部は魚礁化するかもしれない」そういう思いが湧いてきたのです。日本の海では磯焼けが進み、魚も減ってきている、そんな日本の海に魚礁化する洋上風力発電を展開することができたら……。そういう思いが湧いてきたのです。

ちょうどその頃携わったのが長崎県五島の洋上風力発電でした。日本で初めて浮体式洋上風力発電の実証のために風車が設置されたのです。その五島では浮体式洋上風力の設置工事や水中の保守・メンテナンスなどの水中作業の業務を行いました。同時に漁業との共生・協調策づくりの調査や漁業デザインづくりを手がけることができたのです。

(Photo by Shibuya)

長崎県五島沖の浮体式洋上風力発電の海中
ソフトコーラルが着生し、タカベの群れが集う

また、洋上風力の促進区域に第一ラウンドで決まった千葉県、銚子沖のプロジェクトにも関わることになりました。銚子では「洋上風力発電と共に漁業の未来を創る」をテーマに漁業者さんや地域の方々が漁業や地域発展の可能性に挑戦しています。両地域ともに洋上風力発電ができたことで活気が出てきて、様々な事業に前向きに取り組むようになってきています。

本章では、五島と銚子が洋上風力発電と共にどのように変化しているのかを紹介してみたいと思います。

漁業関係者の協力がなければ成功しない

五島列島はたくさんの島からなっていますが、人口が減り、近い将来無人になるかもしれないと危惧される島がいくつかあります。

人口流出を防ぐには、島に産業や雇用が必要です。そのような状況でしたから、何か産業のもとになる資源はないかと探していたようです。

五島の浮体式洋上風車

(Photo by Sugiuchi)

そんな折に、五島では洋上風力発電と潮流発電の実証の話が出て具体化していったのです。それまで島には大きな産業資源が何もないと思っていたのですが、海には島と島の間に瀬戸があり、そこは潮の流れが豊富にありました。それが潮流発電を呼び込んだのです。また海上にはよく吹く風があり、その風が資源となり洋上風力に活用できることがわかったのです。

そして潮流発電は奈留瀬戸（なるせと）の海域で、洋上風力発電は五島列島の椛島（かばしま）沖で行うことになりました。

ここでは浮体式洋上風力発電での経験をお伝えしたいと思います。

椛島沖の浮体式洋上風力発電は、水深一〇〇メートルの海域で国内初の実証実験でした。この実証実験は二〇一〇年から調査が始まり、実証のための海域実験は二〇一五年まで行われました。その後、風車は椛島沖から移設され、福江島の崎山沖になりました。移された風車は商用運転となり島の電力源となっています。それは洋上風力発電の地産地消の成功事例であり、多くの注目を集めています。現在、この海域にプラス八基の浮体式洋上風力発電を設置するプロジェクトが進んでいます。

私は浮体式洋上風力の実証機が設置される前から五島の海を訪れ、周辺海域の漁業実態を見

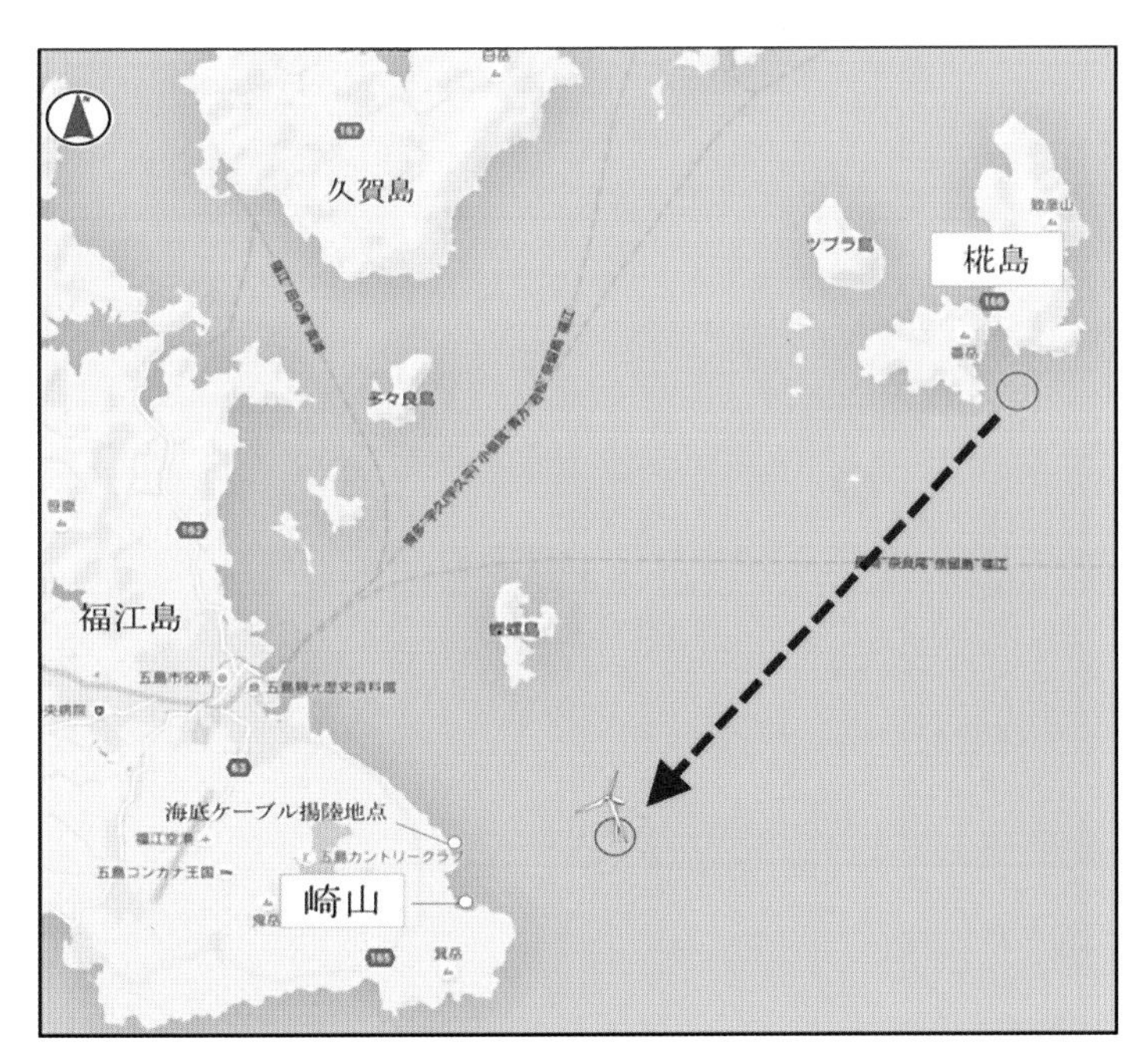

浮体式洋上風車の移設

浮体式洋上風車の移設

るようにしていました。洋上風車の設置される海を事前に潜って、海の環境や、生物生態系の状況を見ておきたかったからです。当初は調査の依頼や予算はありませんでしたが、五島の海が洋上風力発電によってどう変わっていくのか、それを見ることのできるチャンスだと思って手弁当で調査をしてみたのです。

島の周辺をひと通り潜って地形や潮流の具合、そして生物生態の現況を見るうちに、風車が建ったあとはこうなるのではないかという予想も浮かんでくるようになりました。

五島の海中は、海藻が減少、消滅し砂漠のような磯焼け状態が広がっていました。そのような五島の海に風車が設置され、そして水中部は、予想を超える変化を見せ始めたのです。

風車の設置一週間後に潜った時は、堤体にはあまり生物着生などの変化は見られなかったのですが、三カ月、六カ月後には様相が一変しました。堤体の表面には海藻のアオサや小型緑藻類がびっしりと着生し、メバルの幼魚やイシダイの若魚などの磯魚が蝟集していたのです。また周辺には小型の回遊魚が泳ぐようになってきました。

さらに一年後には、風車の水中堤体部にソフトコーラルが着生し、小魚も増え、魚の種類も

浮体式洋上風車の海中
回遊魚のカンパチが訪れる

浮体式洋上風車の海中
浮体にアオサ(緑藻類)が着生

数もどんどん増えたのです。潜るたびに海中の生物が多種多様になっていることに驚きました。

五島の洋上風力発電にかかわった当初から、漁業関係者の協力がなければ洋上風力発電と漁業の共生は成功しないと思っていました。今まで海の業者まかせや魚礁メーカーまかせで、漁場や藻場が良くなっているという成功例をあまり聞きませんでしたし、私自身もそれを行ってきて、ひとつの限界を感じていました。漁業者の方々がみんなでどうしたら海を豊かにできるか知恵を出し合って、行動してこそ、海がよみがえり漁業が活性化する可能性が高くなると感じていたのです。

そのような経験から、五島では漁業者さんの協力を得るために、海がどう変化しているかを実際に見てもらうことから始めました。

海に潜った時は水中の状況を撮影してきて、それを漁業関係者に見てもらうのです。漁業者さんたちは風車が建って漁場が荒れるのではないかと不安を抱えていますから、水中の様子を映像で実際に見てもらうようにしたのです。そうすることで

「ああ、（洋上風力の水中は）こんなふうになるのか。魚がいっぱいついとるな」

と漁業者さんも、魚が蝟集している状況を見て納得していくようです。

浮体式洋上風車の海中
堤体に着生して大きく育ったソフトコーラル類

いや、それだけでなく
「これはいいな。もっといっぱい（洋上風車が）建つと魚がどんどん増えるんじゃないか」
と、期待で胸が膨らんでいったのです。

漁業者さんの中には洋上風力に反対して我々が調査した後に行う報告会に顔を出さない人もいましたが、一緒に調査を行っていた漁業者さんが反対していると思われる漁業者さんを説得してくれるケースもありました。

「とにかく、渋谷さんが撮った水中の映像を見てみろ」

と報告会や勉強会に連れてくることもありました。

「漁場が荒れるってお前は言っているけど、こんなにいっぱい魚が集まっているじゃないか」

そのようにして実際の映像を見て、漁業者さんも洋上風力と漁業との共生に関心が生まれてきたようです。

実証実験の終わる頃には、漁業関係者の方々は反対どころか「もっと風車をつくってほしい」という声があがるほどの変わりようでした。

五島では漁業者さんが前向きで協力的になったおかげで、私たち漁業共生チームとの関係性

浮体式洋上風車の係留チェーンに住み着いたイセエビ

浮体式洋上風車の水中部
タカベの群れが蝟集

が良くなり、いろいろな面でプラスの効果を生むようになりました。

みんなで知恵を出し合って磯焼けを克服した

風車設置の二年後、漁業関係者のみなさんで漁獲調査をしてみました。本当に洋上風力発電の水中には魚が増えているのか調べてみることになり、一本釣りで漁獲調査をすることにしたのです。調査は洋上風車の水中部と、風車から二キロほど離れた人工魚礁で、もう一カ所は天然の漁場の三ヵ所で行いました。一年に春と秋の二回行い、それを四年ほど続けましたが、毎回、洋上風車水中部の漁獲量がもっとも多かったのです。このことから、洋上風車の水面下がいちばん魚が蝟集し、生息していることが確認できました。と同時に洋上風車の下に増えた魚をどのように漁獲したらよいのかの検討も行われるようになりました。

洋上風車設置海域にはたくさんの魚が集まったり育ったりすることがわかれば、漁業者さんは遠くまで出かけていく必要がありません。遠出の航海がなくなるので安全だし、船の燃料も

五島漁獲調査の結果

節約できます。

そのようなポジティブな面に目を向けたことは、のちのち大きな成果を生むターニングポイントになったように思います。


洋上風力発電がポジティブなものだと納得がいくと、漁業者さんも地域の人もやる気が出てきたからです。

みんなで知恵を出し合おう、行動しようという雰囲気になってきました。五島では実際に漁業者さんたちが積極的に動き始めました。そのひとつが、十数年前より海の中が砂漠化した磯焼けを何とかしようと立ち上がったことです。島の周囲は海藻が年々減少して磯焼けが広がっていました。漁業者の方々は、これを何とかしなければと思っていたのですが、手つかずでいたのです。

「渋谷さん、ここでは昔ヒジキ（海藻、ホンダワラ類の一種）がたくさん獲れた。あの頃のようにヒジキを再生できたら……」

との話があり、五島でのヒジキ再生プロジェクトが始まったのです。

最初は暗中模索で、一年目は大した成果が出ずガッカリしたのですが、もう少しやってみよ

五島のヒジキ（ホンダワラ類）の再生
手探りからのスタートだったが3年目に成果が。（2017年）

五島のヒジキ収穫
地域の小・中学生が応援に。（2018年）

うと失敗を手がかりに「母藻をたくさん入れてみよう」とか「海藻が食べられないように網を張ろう」とか「海藻を食べる魚やウニを獲ろう」といったアイデアが出て、みんなで取り組んでみたのです。そして三年目には待望のヒジキが再生できたのです。その時の地元、漁業者さんの興奮と嬉しそうな姿は今でも忘れません。

「温暖化だから」と、磯焼けによる藻場再生を最初からあきらめるのではなく、自分たちの手で何かを始めることで、ひどかった磯焼けが回復してくる、その手応えを十分に感じる再生プロジェクトでした。やる気ひとつで、とんでもない結果が出るのも事実です。そのきっかけになったのが洋上風力発電の魚礁化だったのです。

ヒジキ再生のうわさが島の他地区の漁業者さんにも伝わり、「俺たちにもやり方を教えてくれ」と言い出したのです。

そのような要望に応えようと、隣の島へ出かけて行って、磯焼けを回復させる作業を始めるようにもなりました。洋上風力発電の水中部のポジティブな面を見える化することで、島全体がポジティブな方向に変容していった貴重な事例です。

2020年
五島のヒジキの収穫

2022年
五島のヒジキは毎年収穫できるようになった

団結力で魅力的な地域に変貌した五島

もうひとつ、この時代ならではの大きなメリットがあります。コロナやウクライナの問題があって、石油やガスなどのエネルギー資源を輸入に頼っていると大変なことになることがわかってきました。今の日本のエネルギー政策では電力も安定して供給されるとは限りません。どこの地域も、電力が足りなくなる危険と背中合わせだと思います。

しかし、洋上風力発電のある五島はどうでしょうか。洋上風力発電があるおかげで、エネルギーを地産地消しています。電気の自給自足が可能なのです。

本当は日本全体が電力の自給自足ができるのが理想なのでしょう。五島のポジティブな電力事情を見ていると、日本の将来の見本のように思えてきます。

洋上風力発電の成功を機に、住んでいる人も誇りを持ち始めています。島の人々が自分たちの住む島の良さを再発見することは、島を活気づけています。魚もおいしいし、電力も安心。

SDI

長崎県五島の洋上風車「はえんかぜ」
この1基の風車が五島をよみがえらせた

経済も上向きになって明るい未来をさらに描けるようになったのだと思います。

五島では、洋上風力発電ばかりではなく、潮流発電のプロジェクトも始まっていて、海洋エネルギーでの産業創出も順調に進んでいます。

島の子どもたちへも洋上風力発電についてわかりやすく伝える活動も行われています。施設の見学、水中ロボットや水中カメラの操作体験、洋上風車の小型模型を作るワークショップなどで、将来の五島をリードする人材を養成しているのです。

そうした努力があって、最近、五島への移住者が増えているそうです。これまで、島から人が出て行ってどうなることかと、心配していましたが、若い人たちが移り住んできて、子どもたちも多くなり活気づいています。

洋上風力発電など海洋エネルギーを取り込んだことで、人口流失の島から魅力的な島への変貌が始まっているようです。

五島がうまくいった理由は「団結力」だと思います。市も漁協も事業主も五島で洋上風力発電を成功させたいという意欲をもって取り組みました。みんなが幸せになるやり方を模索した

五島の洋上風力発電の普及活動
島の子供たちにも水中の面白さを伝えるワークショップ
（※水中ロボット・水中カメラの操作体験や小型洋上風力模型作りなど……）

のです。私ども漁業共生策づくりチームと漁協は洋上風力発電と漁業との共生をめざし、五島市は地域との共生や島の活性化に、事業主は洋上風力発電の成功に専念することで、すべてがうまくいったのだと思います。

銚子市漁業協同組合・漁業者の漁業の未来づくり

今から五年ほど前（二〇一九年）になりますが、銚子漁協の幹部の方々が五島に視察にこられました。

千葉県の銚子は日本でも有数の漁業基地のひとつです。「洋上風力発電は本当に漁業に良いものなのか、もしくは悪いものなのか、この目で確かめたい」と視察に来られたのです。洋上風力発電が漁業に良いものなら、銚子の漁業や地域の活性化にもつながるので、漁協としては前向きに取り組みたいとの意向でした。

「発電事業主が漁業や地域にはこんなメリットがいろいろあると説明してくれるけれども、本

銚子漁業協同組合の方々の五島視察
説明を真剣に聞かれていた

銚子の漁業者の方々の勉強会
漁協の婦人部の方々も積極的に参加

当に洋上風力発電が漁業や地域に良いのかわかりません。五島がうまくいっているという漁業共生とはどういったものなのか、この目で見て、現地の方からじっくりと話を聞きたい」

そのような申し出でした。非常に明快で、視察の目的もはっきりしていたので、銚子漁協の坂本雅信組合長はじめ和田副組合長、大塚常務理事などが視察に来られた時の姿勢は真剣そのものでした。そして、その後の銚子漁協さんの取り組みは目を見張るものがありました。

「私たちだけで（洋上風力との漁業共生例を）聞くのはもったいないので、（渋谷さんに）銚子に来ていただいて、五島での取り組みをもっと詳しく組合役員や一般組合員、そして婦人部や青年部にも話をしてください」とのこと。

本当に熱心でした。銚子では何度も何度も勉強会を開催し、洋上風力発電と漁業・地域との共生への道をふくらませていったのだと思います。

その銚子の海に着床式の洋上風車が設置されることに決まりました。二〇三〇年にはおよそ四〇〇〇ヘクタールの海域に高さ二五〇メートルの風車が三一基設置される予定です。最大出力は三九万kW。原発一基の四割に当たる発電量で、約二八万世帯の年間電力をまかなえるとのことです。

そして銚子の漁協さんから、洋上風力発電を設置する前の漁業実態調査の依頼を受けること

洋上風車の設置イメージ

銚子市HPより引用

になりました。銚子漁協さんはすでに漁業共生をどのように進めたらよいのか、勉強会などでかなり学習していたこともあり、前向きでポジティブでした。「漁業が豊かになる調査をしましょう」という考えを打ち出してきたのです。

ふつうなら、洋上風力発電の漁業環境への影響調査として、洋上風力が漁業へどんな影響があるかを調べるのですが「漁業への影響あるなしより未来の漁業を創るような調査をして、共存共栄できる共生策をデザインにしたほうがよい」との意向でした。

銚子は水揚げ量が二〇一一年からずっと日本一を続けています。しかし、地球温暖化や黒潮の大蛇行といった環境の変化で、これまでの銚子の漁業を支えてくれていた沖合漁業の魚がいつ獲れなくなるかわかりません。かつては一〇〇万トンも獲れた北海道のニシンがある時期を境に激減したこともありますし、この数年はサンマの不漁が続いています。

銚子では「銚子つりきんめ（キンメダイ）」がブランドとして有名になっていますが、それとて、いつ獲れなくなるかわかりません。

銚子の漁業関係者の方々は今までメインで手掛けていなかったナマコやイセエビ、アワビ、岩ガキなどを新たな水産物として目を向け、安定した漁業を確立したいとの思いがありました。

キンメダイ　　鋸子漁業協同組合HPより引用

銚子魚市場　　銚子漁業協同組合HPより引用

そのような漁業者さんの意向を念頭におきながら実態調査を進めることになったのです。

「洋上風力発電を設置すると共に、銚子沖を豊かな漁場にするにはどうしたらよいのか」

このような共存共栄のテーマを持ちながら我々漁業共生策づくりチームは海況を調査し、海に潜り、答えを発見していくことになったのです。

銚子漁協青年部の熱意に感動

銚子の海は、親潮と黒潮がぶつかり、複雑な波を作り出しています。潜ってみると、太平洋の底うねりで体が振り回され、海底の砂も舞い上がってくるなど、我々潜水調査をする者にとっては、水中は厳しい環境です。

一方、日本の海は全国的に海藻が消えてしまう磯焼けで困っているところが多いのですが、銚子の海は海藻の健康状態が非常にいいのです。水温が低く抑えられ、海藻を食べる魚やウニもあまり見当たりません。プランクトンも豊富です。

日本近海の海流　　https://nihonshima.net/kairyuu.htmlより引用

こうした海藻の状態が良いことや、磯物の状況が良好なのは、銚子の海が荒いことや透明度があまり良くないこと、そして潮が複雑なことなどが逆に海の環境を守っているともいえそうです。それらのことが獲りすぎや密漁を防ぎ、漁業資源を守っているようでもありました。

さらに銚子の洋上風力発電の建設予定海域は、海底が柔らかい泥岩のようで漁場としてはあまり使われていない場所とのこと。そのような漁業資源が周辺の海域より少ないと思われる海域で洋上風力発電を設置します。こうした漁場として低い海域を洋上風力の設置と共に資源豊かにするにはどうしたらよいのかという課題も出てきています。

銚子の荒い海、透明度の低い海で海の事業を担当する我々共生策づくりチームにはきびしい条件ですが、銚子の漁業者さんの前向きな姿勢と事業主さんの我々チームへの信頼が支えになり、やりがいのあるものになっています。海は手強(ごわ)いですが……。

漁業や地域が満足できるような洋上風力発電の施設ができれば、銚子の漁業の将来、さらには今後の洋上風力発電事業全体のポテンシャルが上がると思っています。洋上風力発電ができることで、海が豊かになり、漁業との共生を実現させていくことは、持続的な漁業を定着させると共に、カーボンニュートラルにもつながる、その手応えを感じるはずです。そのようなポジティブな伝承が若い人々へつながっていくことの価値は非常に大きいと思います。

銚子漁協の取り組みでもうひとつ紹介したことは、漁協の若手職員や若い世代の漁業者さんを積極的に育てていこうとする姿勢です。

「洋上風力発電は未来につながる話だから、これからの銚子の漁業を担う青年部と話してほしい」漁協からそんな申し出がありました。以後、若手漁業者の方々と何度も勉強会や話し合いを行っています。

青年部の方々は漁業共生を進めるためには洋上風力発電を知らなければとのことで、ウインドエキスポの展示会を視察したり、五島での取り組みを視察を行ったりと、漁の合い間をぬって計画を立て、見聞を広めるために出かけています。

この若手の漁業者さんを漁協やベテランの漁業者さんが後押しをしていることもつけ加えておきます。ベテランの漁業者さんは、これから銚子の漁業は若い世代に引きついでいかなければとの思いが強くあり、その切実な思いが後押しにつながっているようでした。一方、若い漁業者さんはこのままの漁業でよいのかという不安をもちながらも、少しでも銚子の漁業を発展させ、地域を活性化させたいとの希望を抱いています。その自分たちの未来のために何かやらなければという想いがあるようです。

銚子で洋上風力プロジェクトを進める事業主さんも、その点を高く評価しています。以前その事業主さんで新聞記事の取材を企画され、私と事業主さん、そして漁協の青年部の方々との座談会をセッティングしてくれたことがあります。

その座談会で出た話があります。

若手漁業者の中にはお父さんやおじいちゃんと一緒に「キンメダイ漁」をやっている方がいました。名産の「銚子つりきんめ」ですが、日の出とともに一本釣り漁法でキンメダイを釣り上げていく漁です。座談会に集まった若者たちの話で、東日本大震災後の二〜三年、キンメが獲れなくなった時期が続いたそうです。このまま獲れなくなるのではと不安になったと言っていました。だからと言って、ほかの魚にシフトすることもできません。そんな経験から、

「キンメを大切にしつつ、同時にキンメだけに依存しないやり方も考えないと……」

そのようなことを真剣に考えるようになったとのこと、明日の漁業を模索しているのです。

キンメの資源を大切にする。これはとても重要なことです。北海道のニシンが姿を消したのもサンマが不漁なのも、気候変動もありますが、乱獲したためではないかという話も聞かれま

銚子漁協の青年部との座談会

出典:https://globe.asahi.com/より引用

銚子の海は荒れているときが多い

す。

以前、視察をしたスコットランドのオークニー諸島では、ずっと漁業が続けられるように、漁業者の方が自分たちの獲る魚貝類について自主規制をしていました。そのような取り組みの成果が「五〇年間漁獲量が変わらない」とオークニーの漁業者さんをもって言わしめるのだと思います。

未来を見る若い漁業者さんからのアイデア

実は、銚子のキンメ漁をする方々もキンメダイを守るための自主規制をしています。漁をするのは日の出から三時間以内。仕掛けの糸につけるハリの数も糸一本につき六〇本以内。潮が速いときには漁を打ち止めする。獲りすぎないルールをしっかりと決めて守っているのです。

また、私はキンメ漁をする漁業者さんからこんな相談を受けました。

スコットランド・オークニー島のホタテ潜水漁
漁業者の方が資源管理を自ら行っていた

潮流発電や波力発電のオークニーの海
「50年間エビ・カニの漁獲量は変わってない」
オークニーの老漁業者の談

「灘（沿岸部）の実態調査だけでなく、沖合五〇キロのキンメの漁場も調べてほしい」というのです。銚子の沖数十キロの水深二〇〇～三〇〇メートルのキンメダイの海中の漁場がどうなっているか見てみたいというのです。そして漁場が荒れていないか、荒れている兆候がわかったら何か手が打てるかもしれないと……。

実際のところ、水深二〇〇～三〇〇メートルに水中ロボットを入れてキンメダイの生態を調査するのは宝くじを当てるくらい難しいことです。

しかし、自分たちの漁場について悪くなる前に何とかしたいという予防漁業のあり方は、今後の日本の漁業においても重要な課題です。技術的には不可能ではないので、漁業者と協力し、挑戦したいと思っています。

風車を設置する海域ばかりではなく、周辺の海を調査していくことで、海をもっと豊かにするヒントが見つかるでしょうし、そうなれば、キンメダイだけに頼らない漁業も可能になるでしょう。

もうひとつ若手の漁業者さんとの座談会で出た話があります。

「銚子沖には、現在国の実証実験で設置した洋上風車が一基だけあります（※現在は東京電力

SDI
水深300mの海中、その漁場を調査するROV
（水中遠隔操作ヴィークル）

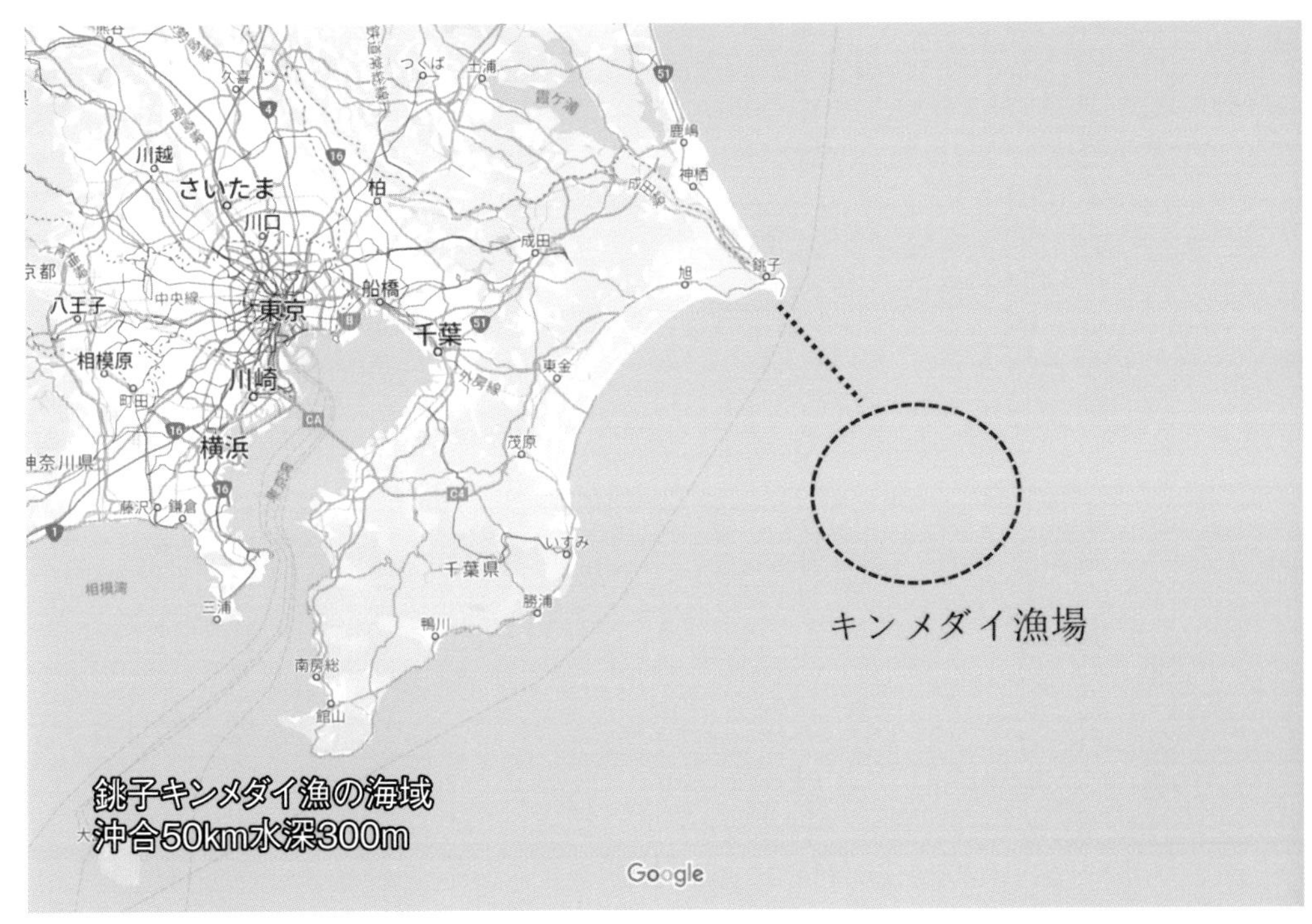
つくば
土浦
霞ケ浦
鹿嶋
神栖
川越
さいたま
川口
柏
成田
旭
銚子
八王子
東京
船橋
千葉
相模原
川崎
町田
東金
横浜
神奈川県
茂原
藤沢
鎌倉
いすみ
相模湾
千葉県
三浦
勝浦
鴨川
南房総
館山
キンメダイ漁場
銚子キンメダイ漁の海域
沖合50km水深300m
Google

銚子沖海図

さんが商用化で稼働中）。その付近で最近はよくヒラメが釣れるそうなんです。これから三〇基も建ったらヒラメに限らず、いろいろな魚たちが着くのではないかと期待が膨らみます」と、目をキラキラさせて話してくれました。

洋上風車が建ったら魚が獲れなくなるとか漁業ができなくなると不安視する漁業者さんが多いなか、現状のプラス面を見逃さず、さらにポジティブにとらえて未来に希望を抱く若手の漁業者がいることに勇気づけられます。

話は続きます。

「昔は（銚子の沿岸でも）ほっき貝が獲れたそうだけど、ほっき貝がいるかどうか調べて、いたら漁を再開したらどうだろうか？」

「イセエビもたくさんいたと聞いている。どこにどういうふうにいるのか知りたいし、増やし方も勉強したい」

銚子の沿岸部にマリーナや人工物ができてから、ほっき漁もイセエビ漁もやらなくなったとのこと……。しかし、それであきらめるのでなく、、実態を調査してほっき貝やイセエビがどうなっているか知りたいというのです。沖合の漁業ばかりに目が向いて陸側の漁場についてはまだ見えないことが多いというのです。沿岸部に漁場があれば、漁をするのにも遠い漁場へ行

銚子の人工ビーチとマリーナ全景

ホッキ漁

NHKより引用

週刊水産新聞より引用

かずにすみます。こうした若手漁業者さんとの話し合いから漁業の実態調査の方向性も見えてきます。

「沖合の魚を獲り尽くしては困るから、月に二〇日沖に行くのなら、それを一〇日にして、あとは陸側で漁をすれば、沖合の資源も陸側の資源も守られるのではないか」

というのです。すばらしい発想だと思います。

また、沿岸部が豊かな漁場になれば、高齢になっても漁業が続けられます。キンメだけに頼らなくても生活が成り立つとなれば、跡を継ごうという若者も増えてくるでしょう。

洋上風力発電プロジェクトによって漁場が豊かになり、地域経済が活性化し、観光客や移住者が増えてくることも期待されます。そうなると都会へ出ずに地元で働く若者も増えてくるはずです。

洋上風力発電を機に漁業が活性化することで、漁業ばかりではなく、銚子の魅力がもっと日本中、世界中に発信されることにもつながっていくようです。

そのような銚子の豊かな未来づくりにかかわれることを有難いと思っています。

銚子犬吠埼沖を調査
親潮と黒潮のぶつかる豊かな海に洋上風車が建つ

五島や銚子がポジティブな洋上風力発電と漁業・地域のモデルになって、これから進むであろう日本各地の洋上風力発電事業の後押しになってくれればと思っています。

第二章

地域も漁業者も幸せになる洋上風力発電

カーボンニュートラル社会に向けて洋上風力発電が主役に

前章では五島や銚子での洋上風力発電と漁業や地域の取り組みについて紹介しました。ここからは、洋上風力発電・海の環境などへの思い、体験をお話ししたいと思います。

「地球温暖化をストップさせる！」少し大げさになるかもしれませんが私たち人類にとって、未来への存亡をかけた重大なテーマになっています。もはや、「何とかなるさ」と他人事のように言ってはいられません。地球温暖化によって私たちを取り巻く環境は急速に変化しているからです。

この数年の夏の暑さには閉口させられます。集中豪雨もたびたび起こります。台風の進路も変わってきました。たくさんの人が亡くなったり、家を流されたりするなど、つらい思いをしているのです。まさに地球温暖化が進む限り、明日は我が身です。どうしたらいいのか、だれもが真剣に考えないといけないぎりぎりのところまできているのではないでしょうか。

温暖化の原因を突き詰めていくと、私たちの生活によるところが大きいことがわかってきます。産業革命以降、私たちが享受している便利で豊かな社会を支える手段として石炭や石油を使ったため、二酸化炭素（CO_2）をはじめとする温室効果ガスが大量に排出されています。

人類は、石油や石炭を燃やしてエネルギーをつくり、それをもとに現代文明を発展させてきましたが、その代価として、地球温暖化という十字架を背負わされたかのようです。原因をつくったのは私たちです。それなら、私たちが解決しなければいけないでしょう。温室効果ガス対策という意味で、カーボンニュートラルという言葉が語られるようになりました。カーボンニュートラルとは、温室効果ガスの〝全体としての排出量をゼロにする〟ということです。

しかし残念ながら、日本のカーボンニュートラルへの取り組みは遅れています。

その原因としては、再生可能エネルギーを軽視し、電力を火力や原子力に頼ってきたことがあげられます。

火力発電は石油や石炭を燃やして電気をつくる発電なので、大量のCO_2が発生します。

原子力はCO_2を出さないから地球温暖化とは関係ないと言われていますが、福島での事故を体験した今となっては、原子力発電を推進することが国民の幸せにつながるのだろうかという疑問が生じています。


政策上、簡単ではないかもしれませんが、危険を伴う原子力発電に使うお金を再生可能エネルギーの開発と設置に回せば、カーボンニュートラルの実現はもっと進むのではないでしょうか。


日本にとっては二〇一一年の福島の原発事故は再生可能エネルギーに転換する大きなきっかけでした。ところが、それからの一〇年の動きは、不足する電力は火力で補って、何とか電力をまかなっているうちに原発を再稼働させるというものでした。

再生可能エネルギーはまったく盛り上がりませんでした。

やっと二〇二〇年になって、菅総理大臣（当時）が二〇五〇年までにカーボンニュートラル

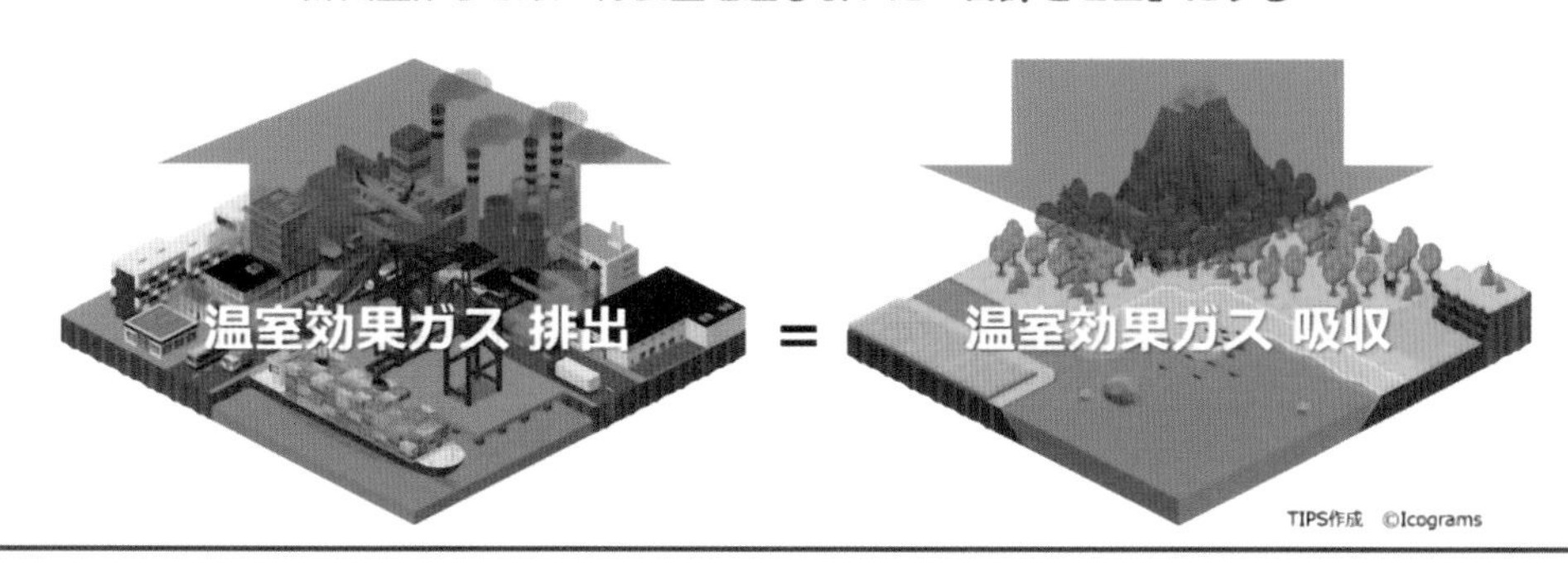

カーボンニュートラル略図

出典:https://ondankataisaku.env.go.jp/carbon_neutral/より引用

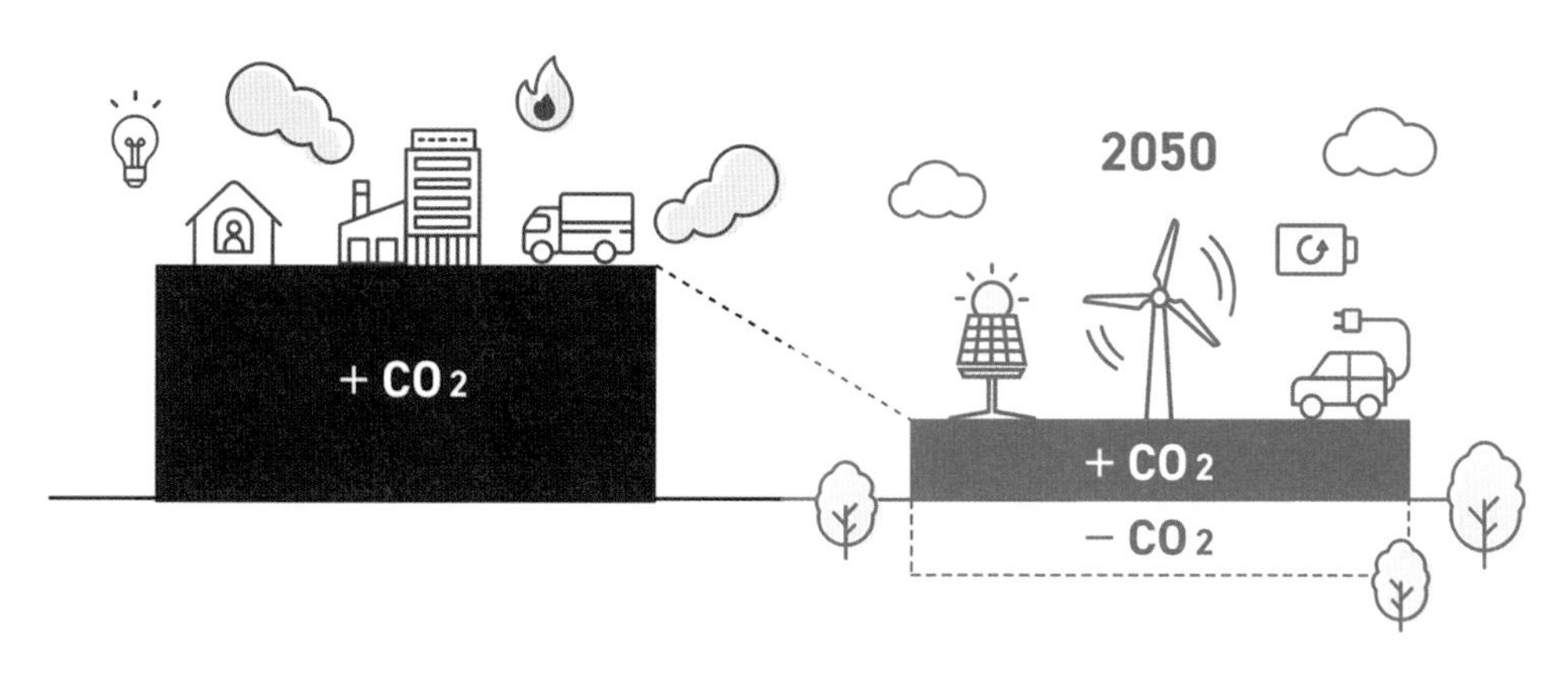

カーボンニュートラル略図

出典:https://ondankataisaku.env.go.jp/carbon_neutral/より引用

社会をつくると宣言しました。

「やっと動き出した」

私はホッとしました。

日本のスタートは洋上風力発電を進めているヨーロッパなど海外に出遅れてしまいましたが、日本が本領を発揮するのはこれからだ、と思います。

再生可能エネルギーの柱になる洋上風力発電は、四方を海に囲まれた立地の日本にとって好条件の発電だと思います。一方、洋上風力発電によって電力の自給自足を目指し、その上、海の環境が良くなる、漁業も良くなるという、日本ならではのアプローチができれば、日本の洋上風力発電は世界基準になる可能性もあります。そうなれば、温暖化のみならず、地球環境の問題や食糧問題などの多くが解決できます。


出遅れてしまったものはどうしようもありません。

これからどうすればいいのか？　ということになります。目先の利益だけに走らず、海の環境を考慮し、地域も漁業も豊かにする洋上風力発電施設をつくるという、共存共栄のビジョンをもって進んでいくことが大切だと思います。〝本気になって、豊かになるカーボンニュート

カーボンニュートラル国の取り組み

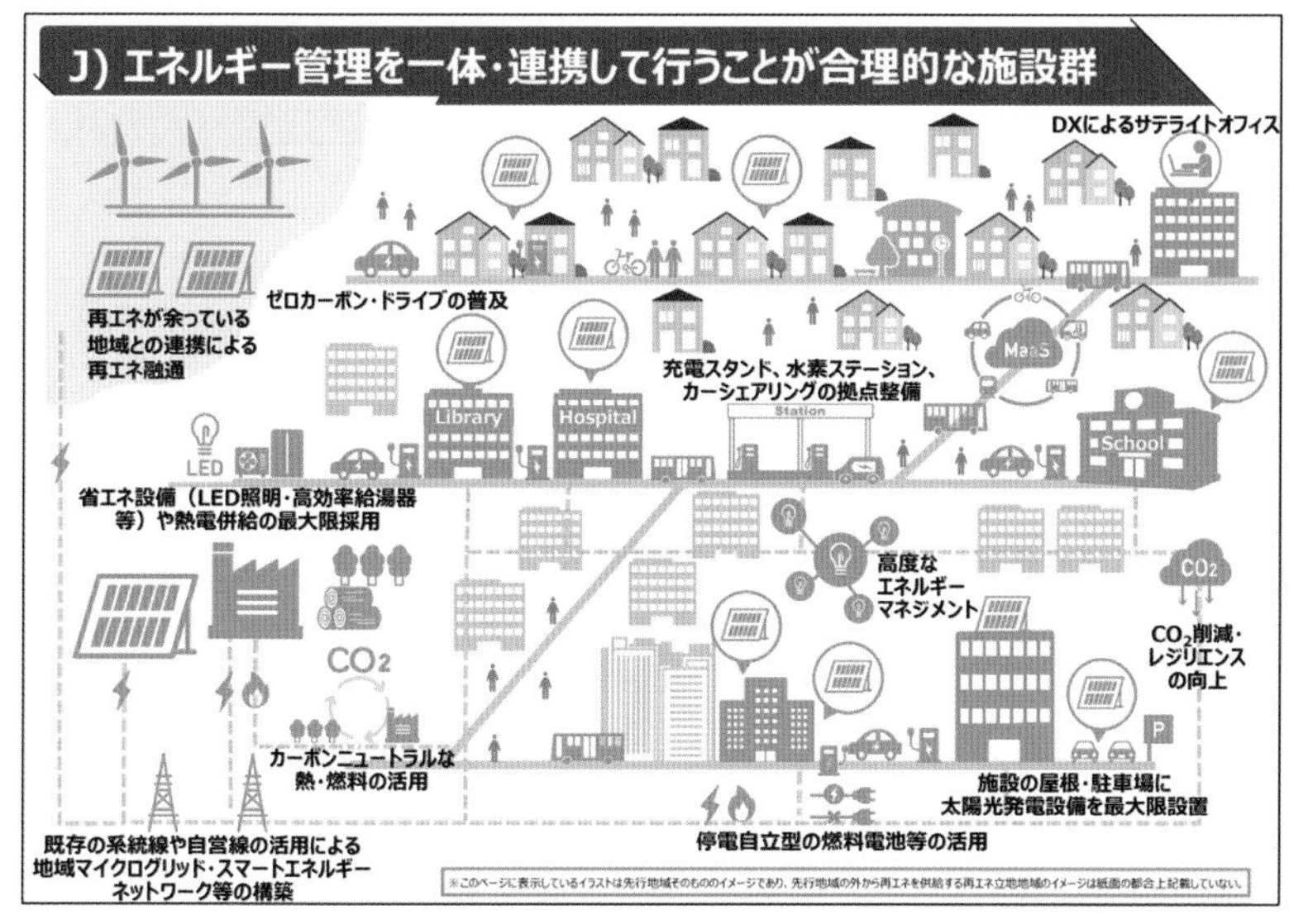

出典:https://ondankataisaku.env.go.jp/carbon_neutral/より引用

世界のCO_2削減目標

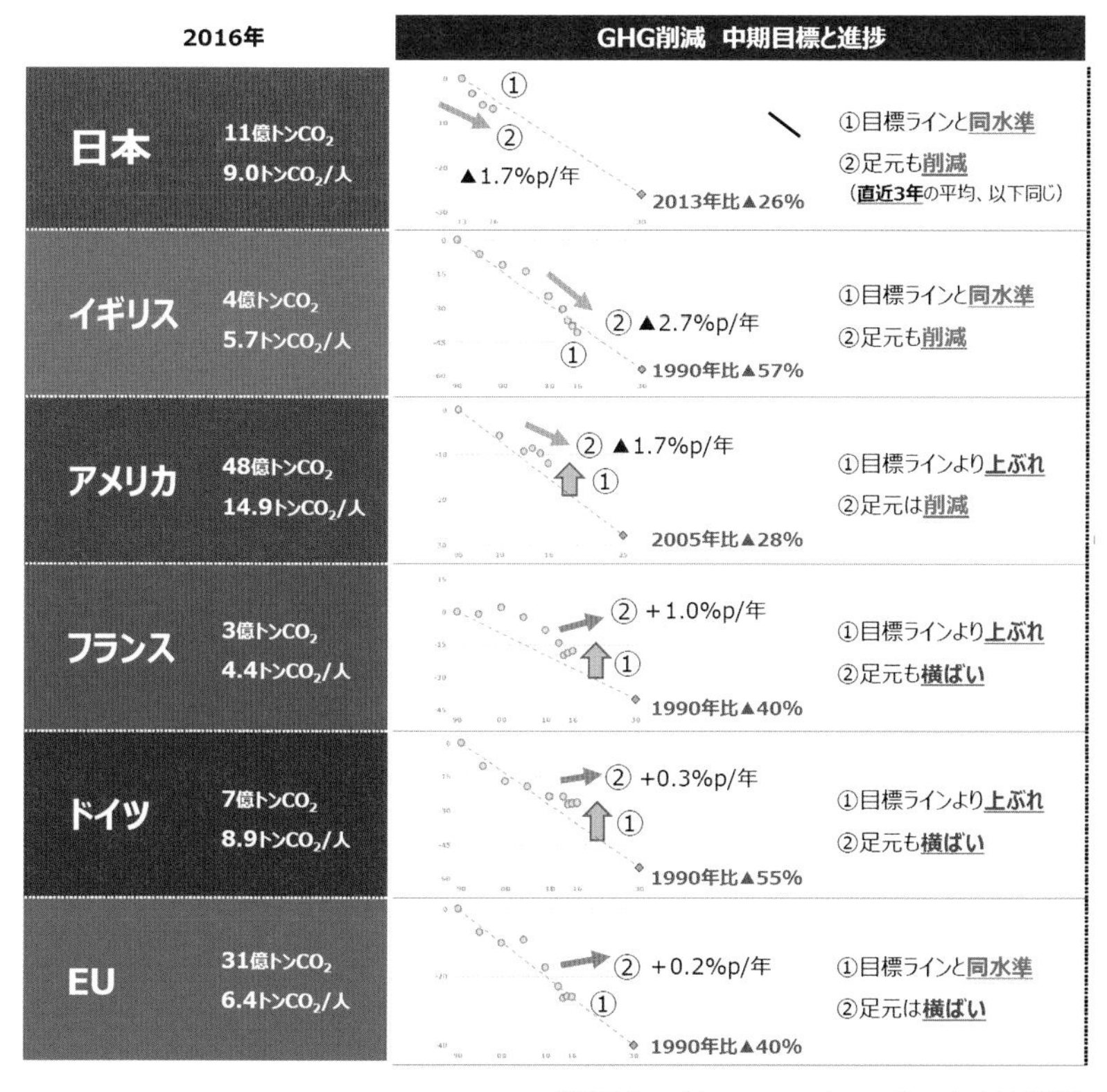

出典:https://www.enecho.meti.go.jp/より引用

ラル社会を実現する〟その覚悟があるかどうかで日本の未来が決まると言っても過言ではない、と思っています。

だからこそ、洋上風力発電づくりが動き出した「今」がとても重要なのだと思います。

洋上風力発電はもはや代替エネルギーではない

二〇二二年三月。宮城県と福島県で震度六強の地震があり、首都圏と山梨、静岡の一都八県で二一〇万戸余りの大規模な停電が発生しました。地震の影響で福島県広野町にある広野火力発電所の五号機と六号機が稼働を停止したとのことでした。

スイッチを入れれば明るくなるのが当たり前の世の中で生きてきた現代人にとっては、電気がつかないというのは大変な恐怖です。夏に冷房が使えない、冬に暖房がきかないとなると命にかかわる一大事です。

とにかく、私たちは電気に依存して暮らしています。ひとたび大規模な停電が起これば生活

広野町　火力発電所

出典:https://www.tepco.co.jp/fp/より引用

が成り立たなくなってしまいます。

電気は、私たちが平穏に幸せに暮らすには必要不可欠なものだということを実感させられる出来事でした。


これからは、電気の需要はますます増えると思われます。たとえば、ガソリン車は消えていき、電気自動車が走る社会となります。

ガソリン車やディーゼル車はCO_2を大量に排出するので、カーボンニュートラルを実現するために電気自動車の普及が進むのは時代の流れでしょう。世界中でその動きは加速しています。

この分野でも日本は後れをとっていますので、日本の経済をけん引してきた自動車メーカーも正念場を迎えることになります。

とにかく、これからは電気の消費が増えるのは間違いありません。

だからこそ、CO_2を排出しない発電方法が求められています。

その柱となるのは、間違いなく洋上風力発電ではないでしょうか。

洋上風力発電は、これまで「代替エネルギー」と言われてきました。「代替」の意味は、

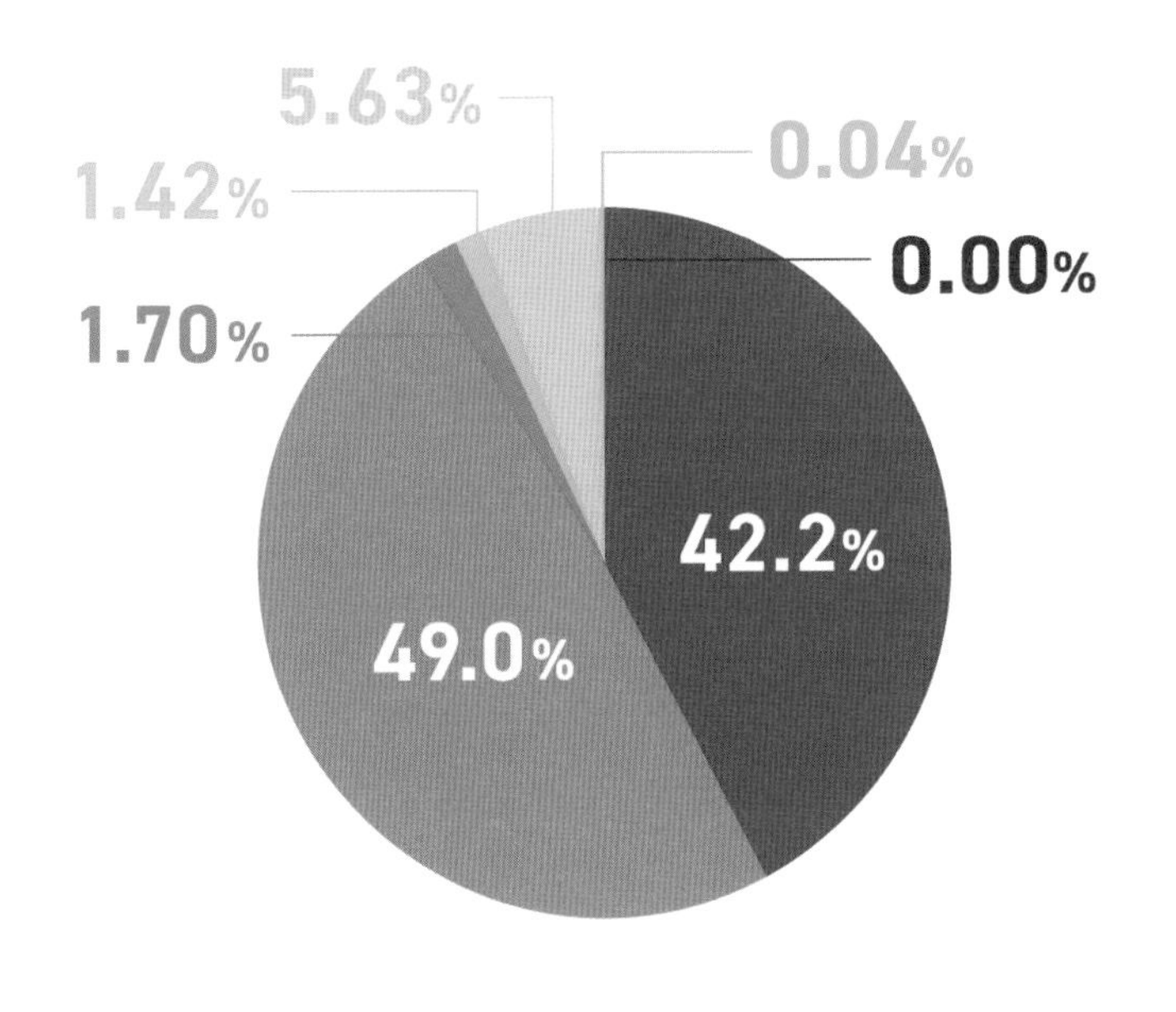

燃料別自動車販売の割合（2022年）

東京電力より引用

取って代わるということです。主力ではなく、あくまでも化石燃料発電の代打のようなイメージ、とらえ方だったように思います。しかし、これからは早く力をつけて主力になっていく必要があるでしょう。

そして今では、すぐにでも主力エネルギーにならなければならない期待の星のようです。洋上風力発電が主力になることで見えてくるのは、エネルギー事情も地球環境も、漁業者さんや地域の方々の生活も、すべてが良くなるポジティブな世の中です。

これから人間が幸せに暮らすには、ますます電気が重要な働きをすることになるでしょうし、それを支えるのは間違いなく再生可能エネルギー関連で、その中心にあるのは洋上風力発電です。

ヨーロッパが先行し、アジアが追うという洋上風力発電の広がり

私は東日本大震災（二〇一一年）の少し前に初めてヨーロッパへ行き、洋上風力発電の現場

ヨーロッパは洋上風力発電の先進地
デンマーク・オランダ・ノルウェー・イギリス・ドイツ・フランス・スペイン・・・
ノルウェー
フィンランド
エストニア
ラトビア
イギリス
マン島
ポーランド
ベラルーシ
オランダ
ベルギー
ルクセンブルク
チェコ
スロバキア
ウクライナ
オーストリア
ハンガリー
モルドバ
フランス
スイス
スロベニア
クロアチア
ルーマニア
モナコ
セルビア
イタリア
アンドラ
コソボ
ブルガリア
北マケドニア
ジョージア
ポルトガル
スペイン
アルバニア
アゼルバイジャン
ギリシャ
トルコ
マルタ
キプロス
シリア
レバノン
イラク
モロッコ
ヨルダン
Google
地図データ ©2024 Google、GeoBasis-DE/BKG (©2009)、Inst. Geogr. Nacional、Maps GISrael 200 km
欧州地図

SDI
ヨーロッパの洋上風力発電を視察

を見ることができて状況を知りました。その後、洋上風力発電の現場、現況を知りたくて自費で視察を重ねました。デンマーク、ノルウェー、スウェーデン、ドイツ、オランダ、フランス、イギリス、スコットランド、スペイン、アメリカと海洋エネルギーの先進国を見てきました。

その当時、日本の再生可能エネルギーの柱は太陽光発電でした。ヨーロッパに視察に行った時、ヨーロッパの人たちから異口同音に疑問をぶつけられました。

「狭い日本の国土で太陽光発電はどれくらいのエネルギーがつくれるのだ」と。

ヨーロッパで洋上風力発電が始まったのは一九九一年です。東日本大震災が起こった時には、すでに二〇年の経験がありました。彼らから見て、海に囲まれた小さな島国の日本が洋上風力発電をやろうとせず、山を削って太陽光パネルを設置している姿がこっけいに見えたのかもしれません。

彼らは、日本の福島で原発が事故を起こした時点で原発に見切りをつけ、洋上風力発電をエネルギー政策の柱にする方向にさらに大きく舵を切りました。原発や火力発電は今は仕方なくやるけれど、それはあくまでもつなぎの電力で、再生可能エネルギーで体制ができれば、原発も火力も停めたいと思っているようでした。そしてそれに向かって着々と実績を積み重ねてい

ヨーロッパの洋上風力発電を視察（オランダ）

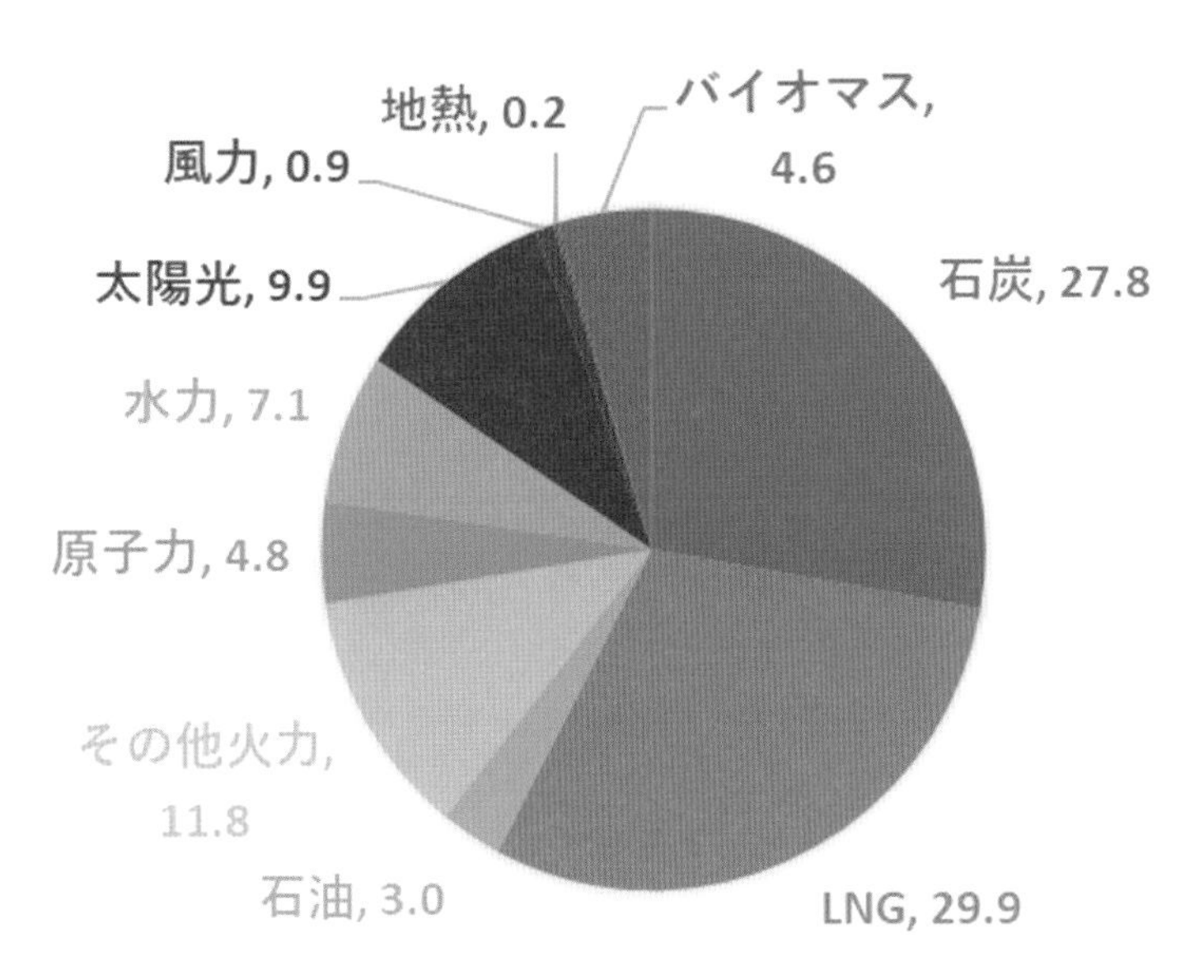

日本の電源構成(2022年)

出所:電源調査統計などより作成

たのです。

一九九一年、世界初の洋上風力発電施設ができたのは、デンマークのロラン島の沖合でした。まだ陸上の風車も普及していないころでしたが、デンマークは国の地形の特徴を生かした洋上風力発電を始めたのです。この先見性には頭が下がる思いです。一一台の風車が沖合に並びました。二〇〇二年には風車八〇台の大型洋上風力発電を完成させています。

デンマークに続いて、イギリス、ドイツでも洋上風力発電のプロジェクトが始まり、ヨーロッパが世界の洋上風力発電をけん引してきました。

今や世界全体での洋上風力発電の導入量は、二〇一〇年には二・九ギガワット（一ギガワットは一〇億ワット）でしたが、二〇二〇年には三五ギガワットにものぼっています。一〇年間で一〇倍以上増加した計算になります。ヨーロッパでは二〇三〇年までに少なくとも六〇ギガワットまで伸ばすという目標を掲げているそうです。

単位時間当たりの最大発電量（設備発電量）で見ると、二〇一九年で七五パーセントをヨー

https://greenz.jp/より引用

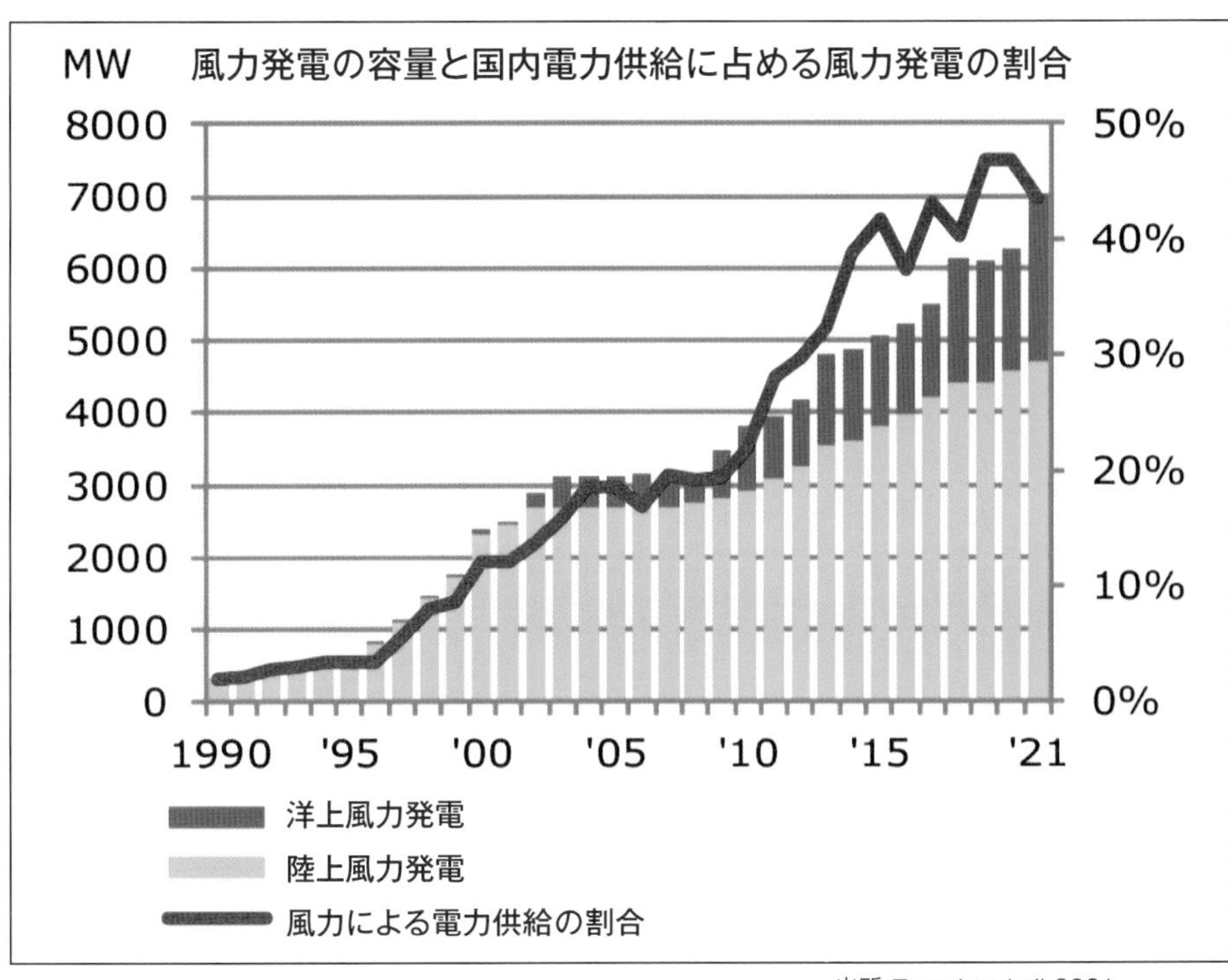

出所:Energistatistik2021

ロッパが占めています。注目したいのは、二〇二〇年のヨーロッパのシェアが七〇パーセントに落ちていることです。その理由がアジアの急成長です。

中国は世界一のイギリスに迫る勢いだし、インド、台湾、韓国、インドネシアなども洋上風力発電に力を入れています。日本もうかうかしていられません。日本の風土や環境に合った日本人全体が幸せになれるような洋上風力発電をつくっていくことが急務とされているのです。

洋上風力発電をネガティブにみるかポジティブにみるか

洋上風力発電が世界のエネルギー政策の流れになっていることはわかっていただけたと思います。カーボンニュートラルを実現するために、世界中ががんばっているのです。

しかし、カーボンニュートラルもひとつの目標ではありますが、何のためのエネルギー政策かと突き詰めていけば、国民が幸せになることがもっとも大切です。いくらカーボンニュートラルを達成しても、不幸な人がたくさん出るようだったら意味がありません。

洋上風力発電のネガティブなイメージ

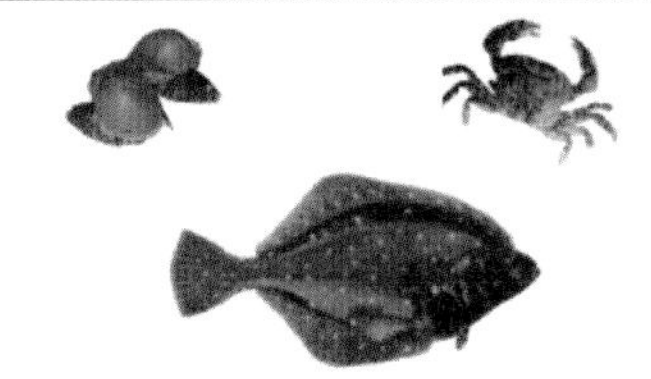

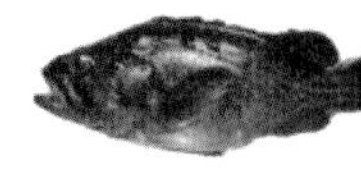

「CO_2を出さないのはわかるけれども、自分たちの生活の場の海や近くに風車がたくさん建って大丈夫か」

海とともに生活している漁業者さんや地域の人たちからはそういう不安をよく聞きます。洋上風力発電で本当に自分たちの仕事や生活が保たれて、幸せな人生を送れるかという気持ちがあるからだと思います。

発電所を誘致するというのはどうしてもネガティブなイメージがあります。それは、日本の過去の発電事業の進め方にあるのかもしれません

水力発電をつくる場合、自然環境の破壊が懸念されます。また、ダム建設のために水の底に故郷が沈んだという話をお聞きになったことがあると思います。いくら治水や利水に役立ち、電力をつくるためとはいえ、生まれ育った大切な地を離れることと、故郷が沈んでしまうのは耐えがたい苦悩を生むと思います。

また火力発電ではCO_2を大量に排出することがわかって、地球環境のことを考えると一日でも早く、方向転換したい流れになっています。

https://eneclip.yamato-energy.com/より引用

原子力発電はどうでしょう。クリーンなエネルギーとされていますが、福島第一原発の事故は強烈でした。あのような事故はめったに起こらないとは言え、起これば周辺の人たちは緊急避難です。もう二度と帰ってこられないということにもなりかねません。

水力発電も火力発電も原子力発電も、社会を発展させる大きな力になってきましたが、多くの犠牲のうえに成り立っているようです。

洋上風力発電はどうでしょう。発電所ですから、ネガティブなイメージをもっている方もいると思います。

どこへ行っても、ある一定数、ネガティブなイメージをもっておられる方はいます。漁業者さんの場合は、「ただでさえ魚が少なくなっているのに、あんなもの建てたらもっと魚がいなくなるんじゃないか」とか「海の環境が悪くなるのでは」と危惧する方もおられます。

当然の疑問だろうと思います。何しろ、日本ではまだ商用運転している風力発電は五島と銚子をはじめ港湾海域にできたものしかなく、、洋上風力発電は未知のものです。建設したあと海や魚がどうなるかは、ほとんどの人がわからないのです。ですから私は五島の洋上風車が実証実験で設置されると聞き、どうしてもその海の中がどうなるのか見てみたかったのです。

五島沖に設置された浮体式洋上風力発電

この洋上風車をネガティブにとらえるか
ポジティブにとらえるか・・・

五島の洋上風力

私は五島で一〇年近く、何度も何度も海に潜って、洋上風力発電の下がどうなっているかをこの目で確認してきました。ヨーロッパの海も潜りました。

そして自分で見た海中を映像に撮り〝見える化〟してみたのです。ウソのない現実をニュートラルな気持ちで見てもらうためです。

漁場や環境に対するネガティブなイメージは、実際に見てもらって払拭していくしかありません。

振り返ってみれば、私も洋上風力発電のことを知った時には、果たして海の環境にどうなのか、ネガティブな気持ちをもっていました。しかし一方で、長年海洋工事の潜水士として海中に構造物をつくってきましたが、その構造物が魚礁になるとの発見もありました。私が従事した東京湾アクアラインの「風の塔」や「海ほたる」の海中は巨大な魚礁になっているからです。洋上風力発電も海中構造物であり、魚礁化する可能性は十分にあるのではないかとのポジティブな考えもありました。

自分が実際にたずさわってきた海中構造物の建設と、その後に魚礁化になっていたというプ

https://www.e-nexco.co.jp/より引用

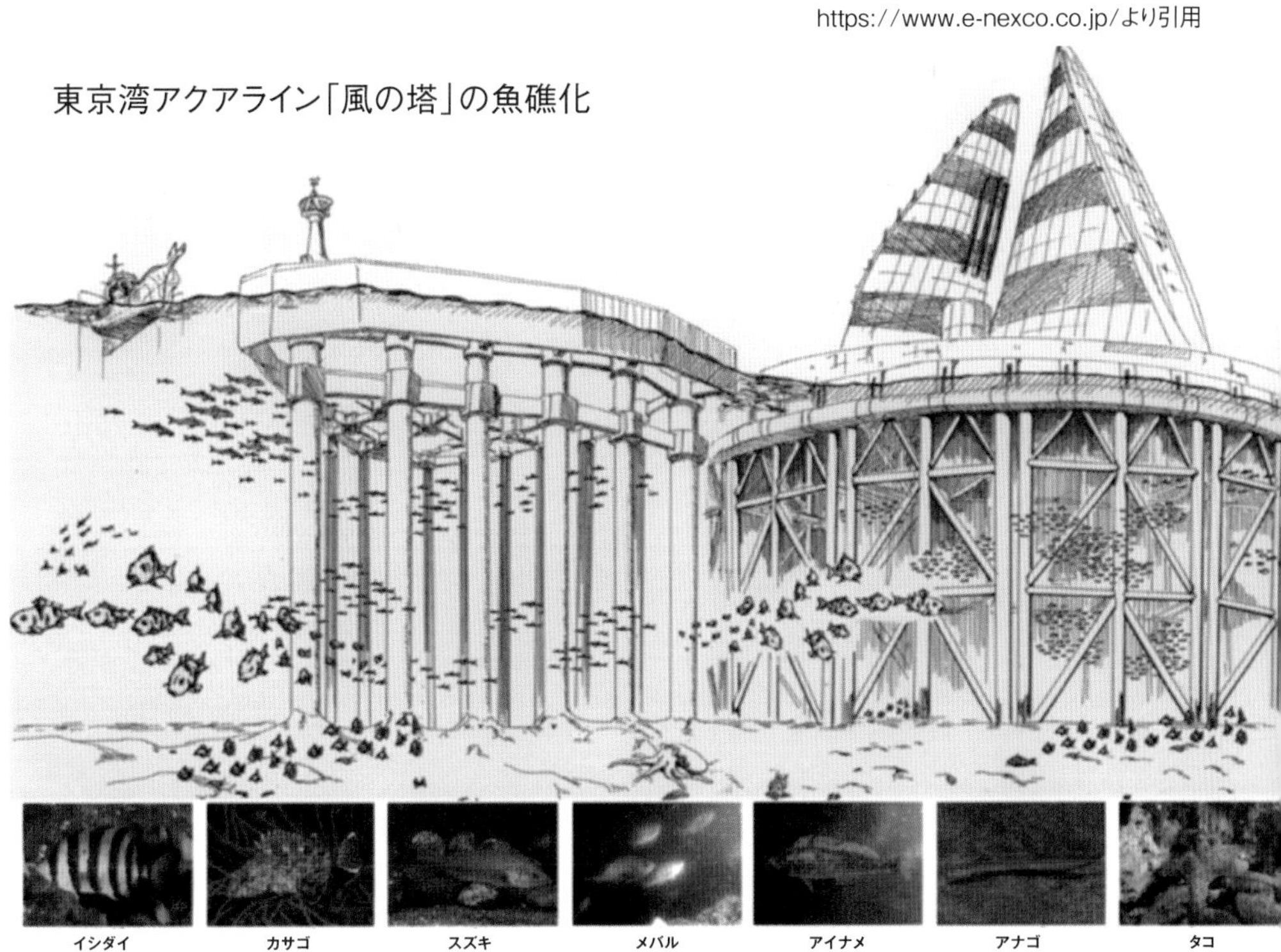

出典:株式会社渋谷潜水工業

ラスの経験を頼りに、ポジティブな取り組みに進むことができたのだと思います。

そして同時に、まだ見ぬ未来を創っていくには、ポジティブなとらえ方、取り組み方が大きなヒントになることも学びました。一方、その時に忘れてはならないのはネガティブな事項を排除するのではなく、寄り添っていくことも必要だと学んだのです。

漁業者さんや地元の人たちの洋上風力発電への疑問は、かつての私がもった不安と同じです。だから、自分がどんなふうにネガティブからポジティブなとらえ方に転換したかを思い出しつつ、ていねいに漁業者さんや地元の人たちと話をするようにしています。


洋上風力発電の先進地域であるヨーロッパでも、「漁業や地域と共生する洋上風力発電」というテーマで話をする機会がありました。その時に、

「あなたはいいことばかりしか話さないが、ネガティブなことはないのか」

そんな質問が飛んできたことがありました。

短い時間だったので、どんな意図でネガティブな面がないのか聞くことができませんでしたが、よく出る不安となる質問には、

「洋上風車が建つと漁業の邪魔になるのではないか」「潮の流れが変わり、魚がいなくなるの

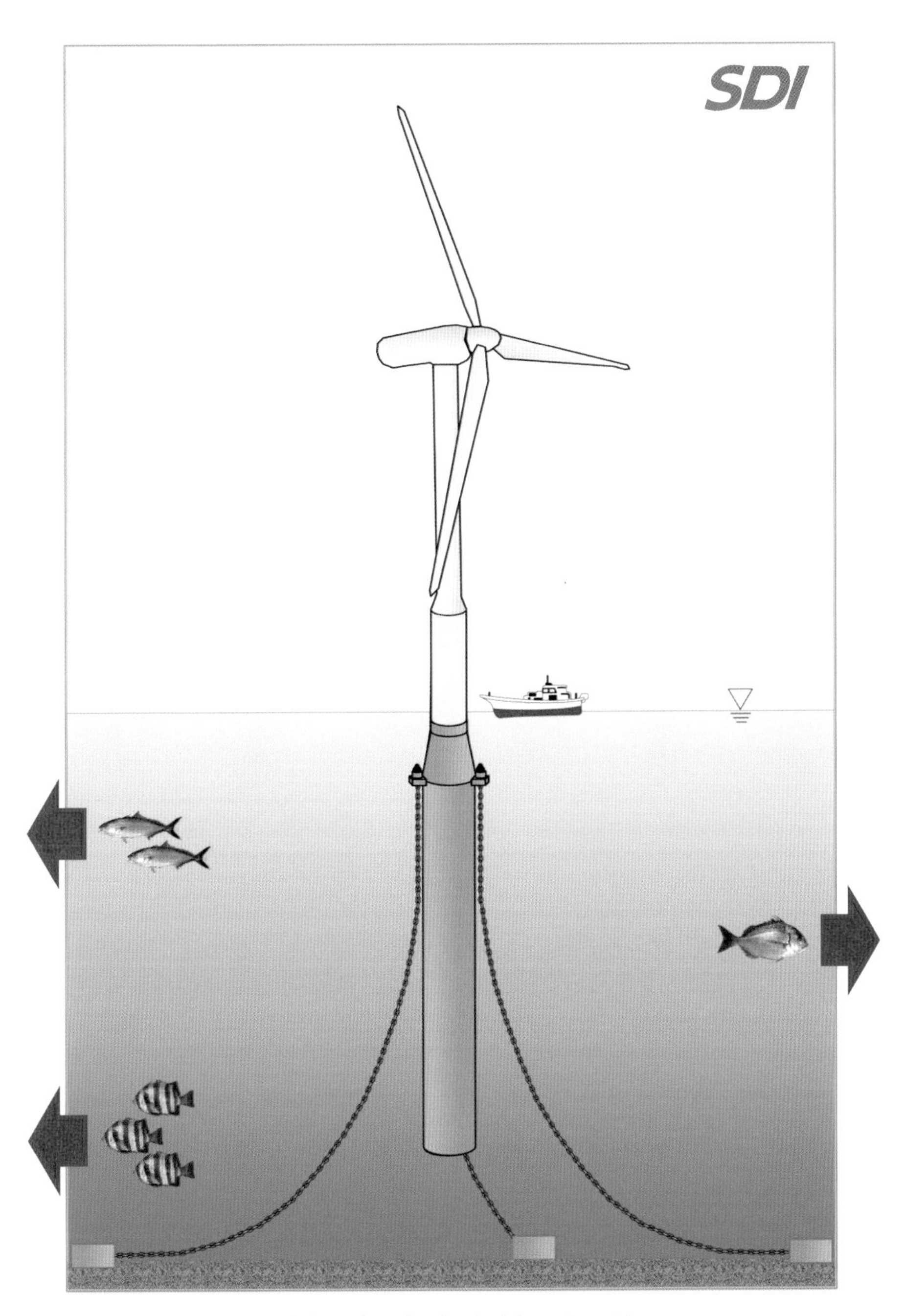

洋上風車で魚がいなくなるイメージ

では」とか「地形が変わってしまうのではないか」「低周波による魚や人体への被害が出るのではないか」等々があります。

こうしたネガティブな課題、疑問がある一方で、建てたことによるポジティブな面もたくさんあるのです。魚がいなくなるかどうかはハッキリわからないので何とも言えない。いなくなったらどうするという受けとめ方はできますが、本当にそうなるかはわからない。

このような点を今後どうするかを、国の機関なり水産の専門の方々が明らかにしてくれるはずです。

今までの経験から洋上風力発電と漁業との共生をポジティブなとらえ方で取り組んでいくのとネガティブなとらえ方から取り組むのでは、プロジェクトの進むスピードが違いますし、出てくるアイデア面でも大きな違いが出るようです。

五島でも銚子でも前向きに取り組んでくれる人々がたくさんいたので、プロジェクトの進行も様々なアイデアが出て良かったのだと思います。

長崎県五島市で行われたシンポジウム
この時もたくさんの漁業者さんが来場

漁業者と海を見ながら話し合い

漁業者さんとも対話してみんなで洋上風力発電をつくる

カーボンニュートラルを実現するという国の目標のため、洋上風力発電の建設がスピードアップしています。

しかし、これはあくまでも国の事情です。いい方向に進んでいると思いますが、国の事情だけで突き進もうとしてもうまくいかないかもしれません。

原子力発電所は、国策として建設されましたが、地元の人々がすべて納得しているかと言うと、残念ながらそうはいきません。賛成の人もいれば反対の人もいます。

原発が誘致されれば、地域には多額の交付金がおります。働く場所もできて、経済的にはとても潤います。しかし、原発には常にもし事故があったらという不安が伴います。放射能による健康被害も「絶対にない」とは言えません。

原発建設の過程で賛成派と反対派が激しく対立した例はたくさんあります。ずっと仲良く暮らしてきた村の人たちが、原発誘致を巡って口もきかない関係になったという話も聞きます。家族内でも夫は賛成、妻は反対で夫婦喧嘩が勃発してしまうこともあったようです。

仮に原発が世の中のために必要なものだとしても、地域が分断されてしまうような進め方はこれから再検討する必要があるのかもしれません。国民の幸せ、国の発展のためにつくるということなら、地域の人たちの幸せも含まれるはずですから。

洋上風力発電を進める場合はどうでしょうか。国としてはカーボンニュートラルの実現に向けて達成目標があります。しかしCO_2を削減する洋上風力発電を進める初期段階で方針を誤ると混乱を生みます。特に日本では海外諸国と海の事情が違います。日本では海を生活の場とする漁業との調整が、さらには共生がどうしても必要になるからです。

以前日本では海で埋立てなどを行う場合、漁業者さんに補償金を払って進めてきました。埋立ては漁場を完全に無くしてしまう行為ですから仕方ないとも言えます。しかし、洋上風力発電のプロジェクトは海を二〇年～三〇年と借りるような形態です。そのような違いから、以前の埋立てと同じように漁業補償というやり方では無理があるように感じます。漁業補償で本当に日本の漁業が良くなったでしょうか。その点も深く考慮する必要があります。

日本の漁業環境を見ると、気候変動で明らかに漁獲量が減ってきていますし、沿岸部は海藻が激減して漁業環境が悪化しています。この点から漁業者の方々も深慮する課題があるように思えます。たとえば漁業を悪化させているひとつが温暖化による気候変動です。それを緩和させる方法が洋上風力発電だということです。

ただ、そうは言っても生活の場の漁場が減っては食べていかれないという不安もあります。このような漁業者さん側の課題や不安を緩和させる方法のひとつが、漁業振興基金制度だと思います。漁業と洋上風力発電の共存共栄を実現するために、この振興基金を活用するということです。

最近の電力事業主さんは漁業との共生、地域との協調に真剣に取り組みつつあります。ある意味で国の進め方より先行して、地元の漁業者さんと共生策に取り組んでいる事業主さんもいます。そのような事業主さんや漁業者さんの足を国が引っぱらないことも大切です。

洋上風力発電という、地域や漁業に豊かな未来を創り出す可能性をもったプロジェクトを、国として大切に育ててもらいたいと思っています。そのためにも、その地域の海や漁業がどうなっているのか、実態を深く知る必要があります。深く知るためには一日でも早く調査を行う

漁獲量の減少

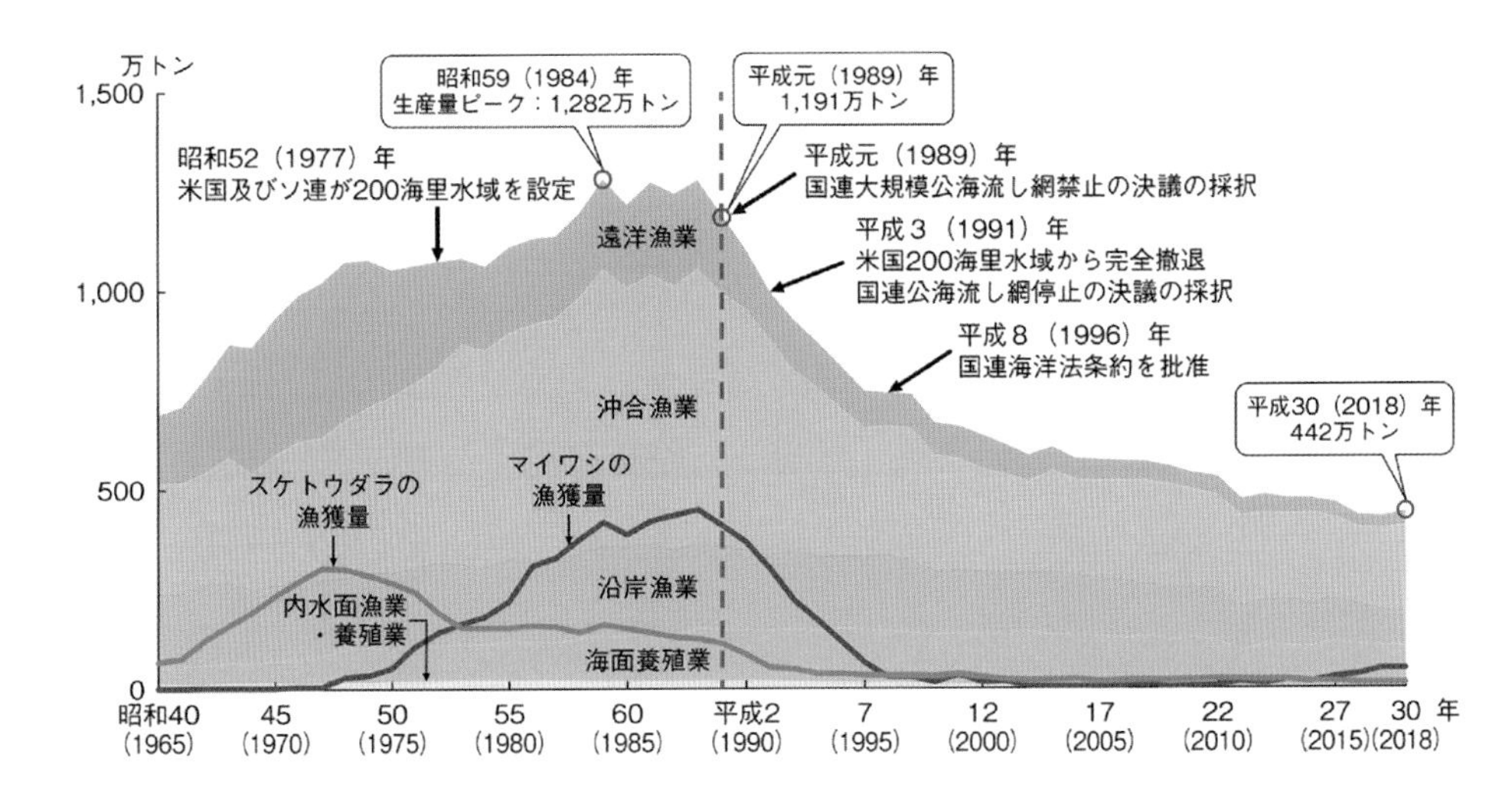

水産庁より引用

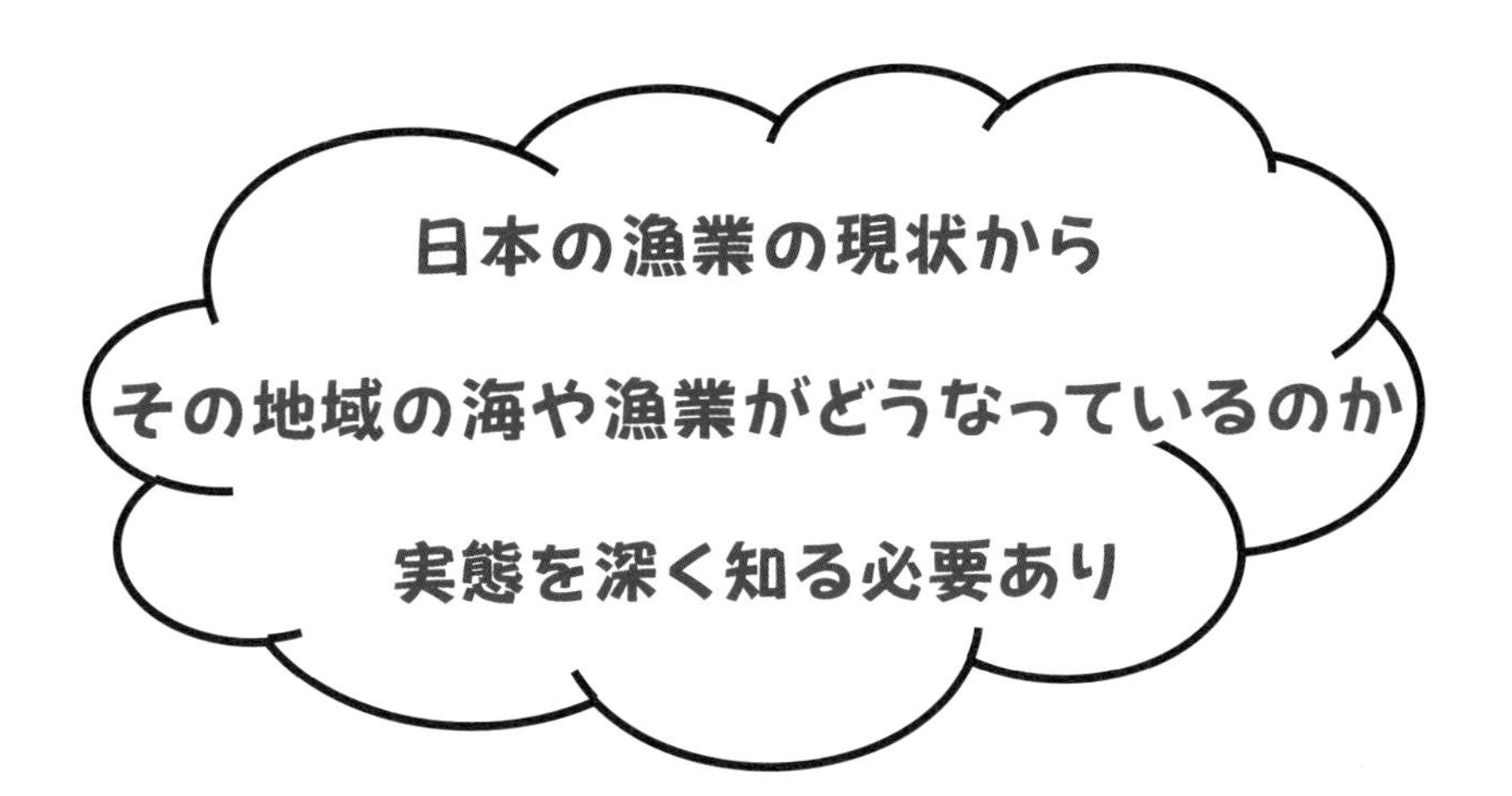

仕組みづくりを提案したいと思います。

そしてその実態調査は漁業との共生策づくりの経験が豊富にある方々にやってもらうことです。国の予算を使っての形だけの実態調査では、日本の海の環境のためにも漁業のためにも、そして地域のためにも、もったいないと思うからです。

実際に海に潜って洋上風力発電の良き影響を調べる

ヨーロッパで初めて洋上風力発電施設を見た時のことは鮮明に覚えています。海の上に整然と並ぶ風車群はとてもきれいでした。今から一四年前（二〇一〇年）のことです。

ヨーロッパ各地の洋上風力施設や関係する方々を訪ねては、

「風車の下の海中の環境や生物はどうなっているのでしょう?」

と質問をしてみましたが、「なんでそんな質問をするのだ」と怪訝そうな顔をされることが多かったのです。

形だけの実態調査では、
日本の海の環境のためにも漁業のためにも
地域のためにももったいない

ヨーロッパの洋上風力

ヨーロッパに行った時
洋上風車の下の環境や生物はどうなっているのでしょう？
と尋ねたが・・・

ヨーロッパの十数年前では、洋上風車の海面下の環境に関心をもっている人はごくわずかだったのではないかと思います。

そんな中で出会ったのが、オランダにあるイマーレス研究所のリンデブーム博士でした。博士は、洋上風力発電と海の環境についての調査研究を行っていました。ウェブサイトでこのことを知った時、ぜひ博士に会って話を聞きたいと思い、訪ねてみました。

「ヨーロッパの洋上風力発電の水中部はどうなっているのだろうか」

「日本で見た海洋構造物の魚礁化のようになっているのだろうか」

期待で胸がふくらみました。

博士は大歓迎してくれて、さっそく調査資料を見せてくれました。そして期待したとおり、洋上風力発電のある海はとても豊かになっていたのです。「やったあー」と心の中で叫びました。

洋上風力発電が設置された海域では確実に魚貝類が増えていました。海鳥も増えていました。魚が増えたので、それをエサとする海鳥も集まってきたのでしょう。

ワーヘニンゲン大学　ハンズ・リンデブーム博士訪問(2011年)

リンデブーム博士報告書

出典:IMARES Institute for Marine Resources and Ecosystem Studies

渡り鳥が減ったという調査データもありましたが、実際には風車を避けてコースを変えたとのことでした。

「渡り鳥が風車にぶつかったらどうする」

というバードストライクのことを疑問視する人もいたようですが、実際にはジェットエンジンのように高速で回るのでなく、低速で回る風車にぶつかることはほとんどなかったとのこと。アザラシなどの哺乳類は工事の時は減りましたが、工事が終われば戻ってきたということでした。

私は伊豆七島の御蔵島で野生のイルカと泳ぐというワークショップを三〇年前より行っています。御蔵島には野生のイルカが百数十頭住みついていて、特に子どものイルカの出産、子育ての場になっています。ここでは毎年大きな港湾工事が行われていて、工事をする大きな音を発しているのですが、それを嫌ってイルカたちがいなくなったという実例を見ていません。三〇年前と変わらず同じ個体のイルカたちが住み、毎年子どもを生み、育てています。

こうしたオランダでの調査データは貴重です。私自身の、海中構造物が魚礁化するという長年の研究と、リンデブーム博士の調査研究データは共通する部分があり、大きな安心と希望につながりました。憶測で議論するのは危険です。実際にどうなっているのかを調査した上で結論を出す大切さを再確認しました。

リンデブーム博士の調査との出会いは、日本の洋上風力発電をどのように進めたらよいかを見い出す貴重なものでした。私自身も様々な海と海洋構造物と、その生物の生態系を見てきていますので、海の中がどう変化したのかをデータ化し、見える化する大切さを学びました。

洋上風力発電の水の中の実態をわかりやすいかたちで知ってもらうこと。それが私の役割だという方向が決まった出会いでもありました。

自分たちの手で豊かな海をつくろうという漁業者さんの志

私は洋上風力発電が広がることで日本の漁業がポジティブに変革していくだろうと思っています。

日本近海の漁獲量が減ったのは、様々な要因があると思います。その要因を水産行政の方はハッキリ見える化させる必要があるでしょう。海の環境が悪くなったから減ったのか、無制限に魚や貝を獲り過ぎたから減ったのか、はたまた行政の方々の判断が甘かったのか、要因をボカさないで明確にすることが大切ではないでしょうか。

私は水中の工事屋でした。ダイナマイトで磯をこわし、防波堤や岸壁をつくってきました。社会のインフラを整備していると自分の仕事に誇りを持っていました。しかし環境面から見たら、海のこわし屋だったのです。それに気づいてそれを正直に認め、その海をこわしてきた自分が、今度は海の環境に対して何ができるかと本気で取り組み始めたのです。

私もそうでしたが、漁業をされる方も行政の方々も、今までの自分は海の環境に対してどうであったかを本気で見直すことで、ポジティブな行動が生まれてくるのかもしれません。

洋上風力発電の施設ができることで魚貝類などが集まってくることや海藻を増やす活動につながることを経験してきました。しかし、集まってきた魚貝類を乱獲してしまっては、また同じように魚たちがいなくなってしまいます。

漁業者の方々は、どのような漁業を行ったら持続可能な漁業になるのかを考える時にきているようです。私の関わっている銚子の漁業者の方や青年部の方々は、すでにその視点を見すえて持続可能な漁業を我々と一緒に構築していこうと取り組んでいます。

SDI
水中発破の名人
||
磯破壊の名人

SDI
優秀な潜水士
||
優秀な環境破壊者

そして海外の事例では、スコットランドの北の沖に、大小七〇の島からなるオークニー諸島の例があります。一〇年前よりヨーロッパの海洋エネルギーの実証、実験の島だと聞いて、興味をもって出かけて行きました。

知りたかったのは、オークニー諸島で実験されている潮流発電や波力発電など海洋エネルギーの施設が漁業にどういう影響を与えているかでした。日本では海に風車を建てると漁場がダメになるという反対意見がありますが、潮流発電などは海の中に直接ローターや発電機を設置するので、洋上風車以上に海の生態系・漁業に影響を与えると思ったからです。もし、風車が漁場をダメにするなら、オークニー諸島の漁業はひどいことになっているはずです。

オークニー諸島ではホタテやロブスター、カニの漁が盛んです。地元の漁業組合を訪ねたら、ホタテの潜水業を行っている漁業者を紹介され、ホタテ漁に同行させてもらいました。オークニー諸島では二つの方法でホタテを獲っていました。一つは漁師さんが潜って漁をするもの。もうひとつはドレッジ漁と言って、機械で獲るというものです。

金属製の引き網を使ったドレッジ漁は、潜水漁とは比較にならないほどたくさんのホタテが

スコットランド　オークニー諸島

ホーランズタウン Hollandstoun
ピアアウォール Pierowall
バーネス Burness
ケトルトフト Kettletoft
イーヴィー Evie
トワット Twatt
バルフォー Balfour
カークウォール Kirkwall
ストロムネス Stromness
ホイ島 Hoy
セント・マーガレッツ・ホープ St Margaret's Hope

オークニー島視察（潮流発電）

オークニー島のエビ・カニ漁の漁業者さんと

獲れます。同じホタテ漁なのですが、潜水して手獲りで行う漁業者は「潜水漁はドレッジ漁よりも漁獲量は少ないが、海底を削り取るようにしてホタテを獲るドレッジ漁は海が荒れてしまう、自分たちは一〇〇年二〇〇年続く漁業を目指している、だから、海を荒らしてまで目先の利益を得たくない」と。

また、オークニー諸島のロブスターとカニ漁の漁船にも同乗させてもらい、漁の実態を見せてもらいました。その時に大変感動したことがあります。それは彼らの水産資源を守ろうという姿勢でした。沖合でカゴ網を引きあげた時に、サイズの小さなカニや卵をもったロブスターはその場で海に返すのです。

オークニー諸島では、そうした漁業者の資源管理が功を奏しているのか、この五〇年間、漁獲量がまったく変わらないとのことでした。また漁獲物の価格が年々上がるので、漁獲量は同じでも収入は一・五～二倍と増えているとの話でした。

魚を獲るのが漁業者さんの仕事と思われがちです。しかし、これからは獲るだけでは資源は枯渇してしまいます。同時に守り育てることも必要になってきているのだと思います。

洋上風力発電の施設ができて、そこに魚たちが集まってくる仕組みをつくり、さらに漁業者

オークニー島のホタテ潜水漁業者のガーリー氏
100年200年続く漁業にしたい

オークニー島の漁業者さんと
(うしろはオークニー島の険しい崖)

さんたちには、その海をもっと豊かにするにはどうしたらよいのかという思いをもって漁業に取り組んでもらったら日本の漁業の未来も明るくなると思います。海とともに生きている漁業者さんだからこそ、海の環境や漁業資源を守ることができると思います。

〝オークニー諸島のように一〇〇年二〇〇年と漁業を続けるにはどうするのか〟というポリシーを持ち、漁業者さんたちが本気で知恵を出し合い、行動することで豊かな漁業がよみがえる思います。

「漁業なんて将来はないさ」

そんなふうに後ろ向きでは幸せは遠ざかっていくと思います。

そして「自分たちの手で豊かな海をつくろう」と、前向きになれば幸せは近づいてくるのではないでしょうか。

洋上風力発電と共に海に魚が戻り、市場が豊漁で湧き上がれば、この状態をどうやって次の世代にバトンタッチするかと考えるはずです。

漁業資源をどうやって守り増やしていくか、と取り組むことでアイデアも出てきて、漁業全体のやる気が高まって、若い人たちも、漁業に希望を持つことができるのだと思います。

第三章

日本の海に合った洋上風力発電を実現する

「ハード面」「ソフト面」の両面から洋上風力発電をデザイン

洋上風力発電の必要性を、エネルギーの面だけで説いても漁業関係者の心には響かないと思います。漁業関係者にとっては、明日の漁獲量が減ってしまう心配の方が大きいからです。

加えて、気候変動で今まで獲れた魚介類が獲れなくなっている漁業の現状にも不安がのしかかっています。

洋上風力発電を広めようと思うなら、そういう漁業関係者の置かれている状況をしっかりと理解して進めていく必要があります。

洋上風力発電を建設する目的とは何でしょうか？

第一の目的はCO_2を削減して地球環境にやさしい電気をつくることです。しかし、それだけではもったいないと思います。日本の海・漁業は地球環境の変化、温暖化で衰退しています。

CO_2を排出しない発電

SDI

SDI グループ

一般財団法人
海洋エネルギー漁業共生センター
Marine Renewable Energy and Fisheries

漁業資源が豊かになるデザイン

ここを見逃すわけにはいかないのです。

今、日本の近海、漁業がどういう状態になっているかを知り、日本の海や漁業の回復に寄与できる洋上風力発電をデザインして築いていくことが求められています。さらには漁業者の方々にわかりやすく伝えていく必要があるようです。漁業者さんと、その海に寄り添う実践が理解を生む出発点になるかもしれません。

幸いなことに、私がかかわってきた五島や銚子の海、そしてヨーロッパの洋上風力では、風車の水中部には魚が集まってきて新しい生態系が構成され、良い漁場が創出されつつあります。そのようなことから漁業が活性化し地域経済も上向きになっています。

実は、五島もヨーロッパも、最初は洋上風力発電をつくる時に海の環境や漁業資源までは考慮に入れていませんでした。あくまでも電力をつくることだけを考えての建設だったのです。ところが結果として海の環境が良くなり、たくさんの魚が集まってきました。

私は、長年にわたり海中構造物の建設にかかわってきた経験から、風車の水中部に工夫を加えれば、もっと効率良く豊かな海域をつくる可能性があると思っています。

電力をつくるばかりではなく、たくさんの魚の獲れるすばらしい海になることを提示できれ

水中構造物の蝟集効果

水中構造物の蝟集効果

ば、漁業者の方がどれだけ関心をもつか。一緒にやろうという気持ちにもなってくれるでしょう。

そういうことを踏まえて、洋上風力発電を軸にしつつ「ハード」「ソフト」の二つの面で漁場や藻場をデザインする必要があると思っています。ハード面というのは、洋上風力発電の水中構造や周辺海域にあった漁業環境の整備です。ソフト面は、地域の海、漁業者の方々との「一心同体」とも言える信頼関係づくりや、地域の方々や地元自治体との前向きな取り組みです。

人の悪口を言わないことや、人を批判しないことなど、後向きな言動が減少し、前向きな言動が多くなるにつれ、洋上風力発電と漁業、そして地域が共存共栄のラインに乗っていくと思います。

関係者が人の悪口や批判をすると、必ずどこかでほころびが出てしまいます。そうならないためにも、前向きでエコロジカルなグランドデザインを創っておくことが大切なようです。

SDI
ハード面・ソフト面の両面で漁場や藻場をデザインする
SDI グループ
一般財団法人
海洋エネルギー漁業共生センター
Marine Renewable Energy and Fisheries

SDI
SDI
地域の海・漁業者の方々との一心同体ともいえる信頼関係づくり
関係者が人の悪口や批判をしない前向きな言動を大切に

海に潜って調査をし、オーダーメイドのデザインを創る

エコロジカルなデザインを始めるに当たって、まずやらなければならないのが水中の現状の把握です。エコロジカルなデザインとは、環境や生物と調和したデザイン（工夫・仕組み・形態）だと思っています。

お医者さんで言えば診察です。患者さんがどんな症状で、どういう生活をしているかといったことを知らないと治療はできません。それと同じで、海を健康にするにも診察（調査）をしないことには始まりません。

たとえば銚子での洋上風力発電の海域で漁業共生のデザインを創る場合、銚子の海はどうなっているのか？　漁業の状況は？　地形や潮の流れなどは？　といったことを知った上でスタートするようにしています。五島には五島の海・漁業の事情があるし、秋田は秋田の海・漁

海を診察・診断し環境や生物と調和したデザインを

水中状況の調査

の蝟集効果

SDI

直径2m余りの鋼管杭だが、設置後、日を追うたびに魚が増えてきた業の事情があるので、それに合ったデザインが必要だと思っています。

現在、日本の海は温暖化の影響で砂漠化（磯焼け）がかなり進んでいます。海藻も魚もどんどん減っています。この三〇年あまりで三割もの面積の藻場が消失していると言われていますが、実際にはもっと多くの藻場が消えてしまっているのではないでしょうか。

藻場の消失は海の生態系を大きく狂わせます。プランクトンが育たなくなって小魚が姿を消し、プランクトンや小魚をエサとする中型魚、大型魚も集まってこなくなり、漁業が成り立たなくなってしまいます。


私は、海中の構造物を工夫すればかなりの部分は解決できると思っています。深い海に建てる「浮体式」という洋上風力発電の中には、風車を海に浮かべ、海の底に沈めた錘（おもり）（シンカー）とチェーンでつないで固定するタイプがあります。この水中部をエコロジカルなデザインで考えると、係留チェーンを工夫したり、浮き魚礁を使ったりしながら、魚たちにとって快適な空間をつくることができます。

五島では、海中の構造物に海藻がつき、そこに集まってきた小型の回遊魚を追いかけて、カンパチが集まって、いい漁場になりつつあります。さらに、係留チェーンにはイセエビが棲み

五島浮体式洋上風力発電で観察した魚類

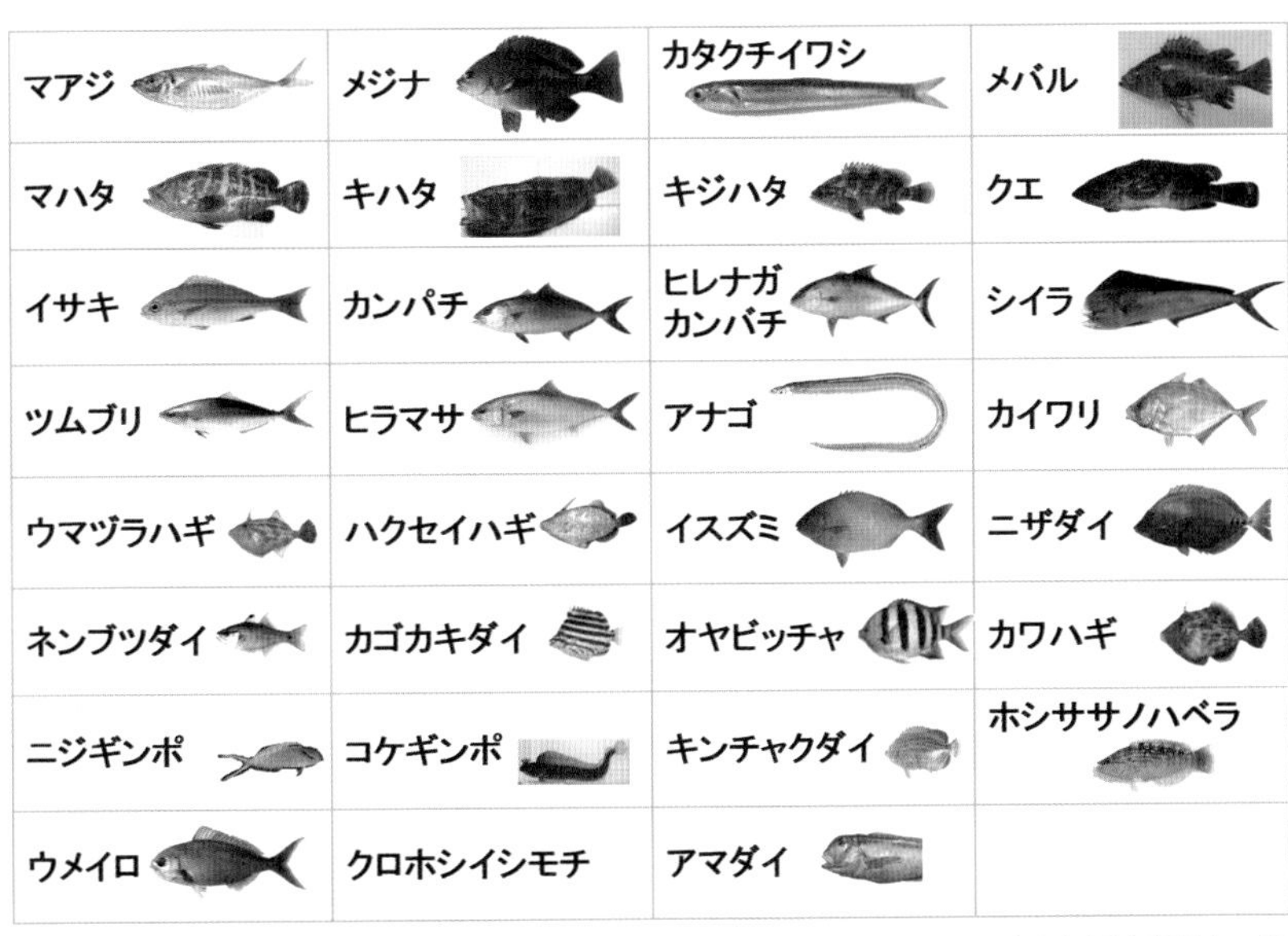

マアジ	メジナ	カタクチイワシ	メバル
マハタ	キハタ	キジハタ	クエ
イサキ	カンパチ	ヒレナガカンパチ	シイラ
ツムブリ	ヒラマサ	アナゴ	カイワリ
ウマヅラハギ	ハクセイハギ	イスズミ	ニザダイ
ネンブツダイ	カゴカキダイ	オヤビッチャ	カワハギ
ニジギンポ	コケギンポ	キンチャクダイ	ホシササノハベラ
ウメイロ	クロホシイシモチ	アマダイ	

出典:株式会社渋谷潜水工業

つきました。

魚介類が集まってくるように構造を工夫したわけではありません。風車をつなぎとめるための当たり前の構造です。それでも大きな効果があったのです。専門家の知恵を集めて、水中部の構造を工夫することで、さらに魚貝類が生息しやすくなる可能性があります。浮体式の洋上風車の海に潜るたびに魚や生物がどうしたら増えるのか、住みやすくなるのがワクワクして観察しています。

銚子の海と五島の海とでは生息している魚の種類が違います。春夏秋冬と季節によっても種類が違います。そのような違いを念頭におきつつ、詳細な調査を行って、その海域ではどんな環境だと魚や貝類、生物や海藻が喜ぶかを考えてデザインするようにしています。

そのためにも必ず海に潜って、その海域の海中生物がどうなっているかをチェックし、同時に水温、潮の流れ、地形などの水中環境も調べています。また、どんな魚、貝類、海藻がいるのかも、季節ごとに把握するようにしています。私のところには全国七十カ所余りの海域の調査データが蓄積されており、海の診断の貴重な資料になっています。


秋田で洋上風力発電をつくることになって海の状況が知りたければ、その海域での調査記録を見ることで秋田の海の状況はある程度わかります。秋田の以前の海域の状況がわかるということは、海の生態系状況の診察に重要な示唆を与えてくれることが多いからです。確認のための追加の調査をすればよいわけです。青森であろうと新潟であろうと北海道であろうと、診察の方法は大筋そのように流れます。

五島でうまくいったからと、それを銚子でも使おうというわけにはいきません。実態調査にしても、漁業共生にしても、その海域に合わせたオーダーメイドのデザインが基本になると思います。

ウニによる砂漠化を防ぐために知恵を出し合う

洋上風車の海域と漁業との共生をデザインする場合、その地域の漁業がどんなふうに変化しているかということも知った上でデザインを考える必要があります。たとえば日本の沿岸では温暖化の影響によって、磯焼けが広がっています。海藻が減っている原因の一つにウニの食害があります。人気の寿司ネタですが、ウニは海藻がエサなので、ウニが増えると海藻が食べられて減っていきます。ウニが海藻を食べる強さを、ウニの摂食圧といいますが、海藻の生長よりウニの食圧が強いと、海藻は減っていくことになります。

五島の沿岸でも、海藻を食べる魚やウニの食害で海藻がなくなり磯焼け状態でした。ウニが増える主な原因は、ひとつは温暖化で海水温が上がり、ウニの活動期間が長くなったことがあげられます。以前でしたら、海水温が下がる冬になるとウニの食圧が下がったのですが、水温が冬になっても下がらないためウニがいつまでも海藻を食べ続けるのです。

ふたつ目は、ウニを獲る漁業者さんが減ってきたことです。

漁業者さんたちに話を聞いてみると、事情がわかってきました。ある海岸では、昔は五人でウニ取りをしていたのが、漁業者仲間が高齢になって海へ出られず、今は二人しかいないという状況でした。ウニを獲る人が減れば、獲れる量が減り、ウニが増えて海藻が減少していたのです。

漁業者さんが減っていることも沿岸部が荒れる原因になっています。漁業者さんは海の環境のバランスを保つうえで重要な役割を果たしていることが見えてきます。

そのような地域・海域の現状を知ることで、洋上風力発電海域とその周辺の漁業再生・藻場再生のデザインを検討していくことになります。

海藻の芽（珪藻状態）を食餌するウニの群れ

ウニの食圧で磯焼け状態になった海底

ウニを獲る人が減っていることがわかったら、どうやったら獲る人が増えるかを考えることも大切。ウニを獲る人は漁業者さんだけでなく、一般の方々でもウニを除去することができるからです。またウニが高値で売れるなら、獲ってみようと思う人も増えるかもしれません。さらには除去したウニの活用法も考えられます。そのような活動を漁業者さんと一緒に考えて知恵を出し合い漁業共生づくりを進めています。

沿岸部のウニと沖合の洋上風力発電とは関係ないように思ってしまいますが、磯焼けの原因をつきとめ、それを再生活性化させることでその地域の海の環境が良くなり、漁業者や地元の人も豊かになる、そのようなつながりも含めたエコロジカルなデザインが必要ではないでしょうか。

洋上風力発電で地域が活性化するようデザインする

洋上風力発電の施設はこれから本格的に建設されます。漁業共生づくりや地域との協調を大

小樽のおさかな普及推進委員会より引用

切にして、ていねいにスタートを切ってほしいと思います。

特に日本国内で最初にスタートする洋上風力発電プロジェクトは、多くのポジティブさを生むことが肝心です。なぜなら、そこがモデルになるからです。洋上風力発電ができたことで、漁業も地域も大いに活気づいて、そこに住む人たちが前向きな行動を始めるようになれば、次のプロジェクトへの勢いへとつながると思います。

そのためにも、洋上風力発電の海域やその周辺の漁業実態をていねいに調査し、どうしたら洋上風力発電がつくられる海域が豊かになるのかを、漁業者さんと共に築いていくことが大切だと思っています。洋上風力発電と共に「自分たちの海はこうやって磯焼けを解決したよ」という良いアピールを広めていくことなどがそのひとつです。

前にも述べましたが、ウニが磯焼けの原因になっているとわかったら、どうやったらウニを減らすことができるかといったことまで突っ込んで共生策づくりを進めることです。さらにはウニは高級な食材です。上手に売れるようにすることも大切。

しかし、漁業者さんたちは売るという面では素人です。それなら、販売の専門家とコラボすることも考えられます。ウニを獲って利益が出るなら、獲る人も増えてくるし、販売する人も

ウニによる磯焼け

洋上風車の建設

増殖した海藻

潤う。そして、磯焼けも解消される。そのような仕組みづくりが大事です。

その仕組みの一つがブルーカーボンです。ブルーカーボンとは海藻や植物プランクトンが光合成などで二酸化炭素から炭素を取り込み、その炭素を動物が利用する過程で海中の生態系に蓄積される炭素のこと。

多くの方々に日本の海の磯焼けの状況や、その再生の成功例が伝わることで、洋上風力発電と共に磯焼けを再生し、さらには海藻を増やしてブルーカーボンに注目する地域が広がると思います。

また洋上風力発電と漁業共生やブルーカーボンが成果を出すと、たくさんの人が視察に来るようになります。そうなると食事をしたり宿泊をする場所が必要になります。タクシーにも乗るでしょう。船を出して成功した海域を案内することもあります。そこで獲れたウニをおみやげに買ってくれる人もいるはずです。そうやって漁業や地域が豊かさに向かっていくのだと思います。

ウニを効果的に獲って磯焼けを克服したということだけで、地域経済が盛り上がるのです。

洋上風車ができて、風車の下の海中にたくさんの魚が集まってくると、漁業で獲るというだ

洋上風力発電とブルーカーボン

けでなく、その海中を見てもらうダイビングツアーを行うことができるかもしれません。また釣りツアーも企画できるかもしれません。

洋上風力発電の海中部が生物で豊かになると、その活用法はまだまだ沢山出てくるでしょう。漁業者さんや地域の人々から、「洋上風力発電で、こんなにも町が活気づくとは思わなかった」と言われるくらいの共存共栄のデザインをめざしてもいいのではないでしょうか。

漁業者さんと海を愛する者同士でのコミュニケーション

共存共栄の良いデザインを創るには漁業者さんや地元の人たちとの信頼に裏打ちされたコミュニケーションが必要だと思います。私のところには、洋上風力発電の事業者さんから、漁業との共生について相談が持ち掛けられます。その多くが、漁業者さんや地元の人たちとどうしたらうまく話が進められるかということです。

その場合、事業者の方々が自分たちの言い分ばかりを考えていたとしたら、良いコミュニ

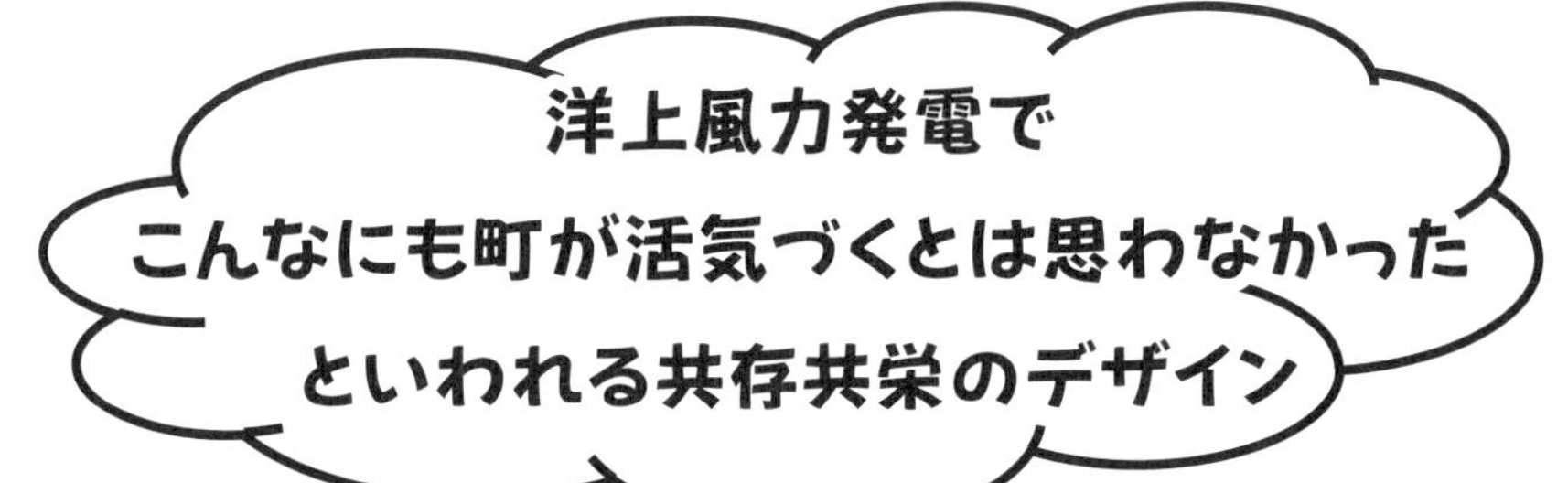

共存共栄の良いデザインを創るには漁業者さんや
地元の人たちとの信頼に裏打ちされた
コミュニケーションが必要

行政の方々が日本のエネルギー政策を
大上段から語っても・・・

ケーションがとれないと思います。行政の方々が、日本のエネルギー政策を大上段から語っても耳を貸してくれないでしょう。

「洋上風力発電ができたら自分たちの仕事や生活はどうなるのか」

それが、生活に直結している方々にとっては大問題なのです。この点を深く考慮して慎重にプロジェクトを進める必要があるようです。

私は潜水士として長い間、海中の工事を行い港や防波堤をつくってきました。その後、海の現状調査や漁業資源調査、そして磯焼け再生のための藻場調査を長年やってきたおかげで、漁業者さんとの付き合いも長く、良いことも面白くないことも数多く体験してきました。ある時は「お前に俺たちの海がわかるか！」とどなられ、ある時は密漁者と間違われ、そしてある時は行政の都合の良い回し者と見られたりと、付き合い始めはウサン臭いヤツと思われるところから漁業者との付き合いがスタートしました。

その後は、私自身の海での仕事ぶりを見てもらうだけです。潜水士として海で生きてきた人間として、海を大切にしたいと思って仕事をする姿を見てもらうことでした。漁業者さんの生活の場である、その海を大切にするには、陸上で理屈を語るのではなく、実際に船に乗り、漁

地元の漁船で調査・これも大切なコミュニケーション

漁業者さんに我々の仕事ぶりを見てもらえる機会に

業者さんの海、漁場を見て、何がどうなっているかを肌で知ることが大切だと思っています。

我々は地元の漁船をチャーターして調査をすることが多くあります。そんな時、私たちの体験、経験が自然と漁業者に伝わって調査もやりやすくなり、漁業者の船長さんとは自然と話が弾みます。

「昔はどんな魚が獲れたの？」

「○○がたくさん獲れたけど、今はさっぱりさ。どうなってんのかね」

「この間、ここの海に潜ったけど、海藻がほとんどないから、魚も集まってこないのかもネ」

「そのことには気づいていたけど、なんでまた海藻がないんだろう？」

そんな会話から海の環境が悪化している話につながっていくわけです。

「洋上風力発電をつくるって言うけど、漁場は大丈夫かね？」

親しくなると、漁業者さんが不安に思っていることも打ち明けてくれます。海を通して仕事をしてきたことと、漁業者さんと一緒に漁業のことを心配しているせいか、信頼関係ができ、本音で話ができるようになるようです。

漁業者の方との打ち合わせ

漁業者の方との打ち合わせ

漁業者さんと話をしていると、たくさんの貴重な情報が得られます。一〇年前二〇年前の海のことは、今の海にいくら潜ってもわかりません。長く漁をやっている人に話を聞くしかないのです。

そして、その漁業者さんの話をもとに、「今度は、このあたりへ潜ってみようか」と、調査の場所を絞ることができるのです。ビデオに撮って、「このあいだ聞いたところへ潜ったけれど、こんな状態になっていたよ」と動画を見せると「こんなにひどいことになっているのか」と唖然として、何とかしないといけないという気持ちになってくれるようです。

そうやって、漁業者さんと一心同体、一緒になって調査をし、漁場を回復させようという気持ちになってもらうのです。

そのうち、漁業者さんの方から「あのあたり、潜って調べてもらえないだろうか」という依頼がきたりします。

「どうしてですか?」

「あそこはいつも豊漁だったのに、五年くらい前からさっぱり獲れなくなった。どうなってるのか気になって」とのこと。そうやってどんどん信頼関係が深まっていくことを何度も経験してきました。

漁業者の方との打ち合わせ
現地の漁場や藻場を確認する

潜水調査前のダイバー

どこの地域でも洋上風力発電の設置に反対する人はいます。反対派を説得するのは大変な労力がいります。金銭で設置問題を解決しようとする事業者さんや漁業者さんもいるようですが、それでは本当の意味での漁業共生や地域との協調にはならないと思います。

漁業者さんとの信頼関係が深まると、面白いことが起こってきます。その漁業者さんが、反対している漁業者さんを説得する側に回ってくれる場合もあります。反対する人の家を訪ねて話をしてくれるのです。

「あんた、洋上風力発電に反対しているけれども、渋谷さんのやっていることを一度聞いてみるといいよ。海の中に潜ってきちんと調査して動画も見せてくれるから」

それまで、まったく耳を貸してくれなかった漁業者さんたちが、話を聞くだけならいいかという気持ちになって、場ができることもありました。

話し合いの場が設けられれば、あとは誠心誠意、反対する方が危惧することをきちんと聞いて、それに対して駆け引きではなく、嘘偽りのない返答をすればいいのです。

本音と本音をぶつけ合うことが大切です。

SDI
藻場･漁場の誠実な調査

そのためにも事前にその海域の海の中の実態を見ておくことは必須です。漁業者さんが生活の場としている海や漁場を知っておくことで具体的で誠意のある話し合いができるからです。

地元の居酒屋やお寿司屋さんでのコミュニケーションで得るもの

私は五島でも銚子でも、必ず地域の飲食店に顔を出すことにしています。お寿司屋さんとか居酒屋へ行けば、そこで水揚げした魚貝類を食することができるからです。お店の人は、朝早くに市場へ出かけて行って地元の魚を仕入れてくるのだろうと思います。今、どんな魚がたくさん獲れているのか、地元の漁業情報も一緒に仕入れてくるようです。

何度も行けば、おいしいお魚をいただきながら店の方との話がはずみます。店の方に「何の仕事でここに来ているのですか」と聞かれることもあります。

「洋上風力発電と漁業が良くなるような調査に来ているんです」と伝えるようにしています。

「地域のための洋上風力発電をつくっていきたいので、海に潜って調査しているんですよ」

魚料理屋　　https://jimohack-shonan.jp/asamaru/より引用

そう伝えると、お店の方はとても興味をもってくれます。お店の方々も、市場に行って魚が獲れなくなっているのは感じていて、このまま漁獲高が減り、おいしい魚をお客さんに出せなくなったり、魚の値段が上がったらどうしようという思いもあるようです。海がどうなっているかは、地元の居酒屋や寿司屋さんなども関心の高い問題でもあるようです。

私は自分が見てきた海の中や、洋上風力発電の海中が漁業にどのようにプラスになっているかを話すようにしています。

店主も、だんだん体を乗り出して話を聞いてくれるようになり、何度か通ううちに、私が来るのを楽しみに待ってくれるようになりました。

お店の人は、地元の情報に精通しており、漁師さんの人柄もよくご存じです。

「昔の海のことなら、あの人に聞けばいいよ」

そんなことを教えてくれることもありました。

ときには、地元の漁業者の方でAさんとBさんはあまり仲が良くないという話もしてくれます。こうした裏情報は貴重です。地元の漁業者間の人間関係を知らずに動いてしまうと、それが思わぬトラブルになってしまうこともありますから。

地元の居酒屋さんや寿司屋さんとのコミュニケーション

心を込めて洋上風力発電を漁業や地域のために
進めている姿勢を伝えること

「最初に話をもっていくならリーダー格のあの人がいいよ」

「あの人なら面倒見がいいから、ほかの人たちに話をつけてくれるよ」

そんな心あたたまるアドバイスをしてくれる店主さんもいました。

お寿司屋さんとか居酒屋でのコミュニケーションから、地域の方の相関図がわかり、そのうえで両方の方々を大切にしたやりとりをしていくうちに、何十年も仲が悪かった漁業者さんが仲良くなることもありました。これも洋上風力発電を通した立派な地域貢献だと思います。

自分たちの利益のために情報を集めると

いった姿勢ではなく、心を込めて、洋上風力発電を漁業や地域のために進めているという姿勢を伝えることが大切です。口先だけの話だと、必ず見透かされてしまって、信頼関係は崩壊し、地元の方々の協力が得られなくなってしまいます。

駆け引きとか腹の探り合いではなく、心と心の付き合いが大切です。

若手とベテランの漁業者さんの密なコミュニケーションが新しい世界を拓く

漁業や地域が盛り上がれば、地元の方々が前向きになり、自然の流れで洋上風力発電の事業は進んでいくようです。

日本各地の漁業は漁獲が減り、先細りで、自分の息子に跡を継がそうとする漁業者さんは少なくなっています。でも、本心はどうでしょう。漁業で生活が成り立てば息子さんに継いでほしいと思っているのではないでしょうか。

漁場・藻場の調査内容の確認

漁業者さんと現場を見る

まだ少数ですが、漁業をやっている若い人たちの中には、洋上風力発電にとても関心をもっている人もいます。海の環境の話をしても、年配の人よりも若い人の方がすんなりと受け入れてくれます。生きがいとかやりがいも大切にしながら、漁業も豊かにしていきたいという感覚をもっているようです。

若い漁業者さんと一緒に調査をすることもありますが、調査にも前向きです。たとえば、調査の時にROVなどの水中ロボットを使うのですが、ロボットにとても興味を示します。「こういう水中ロボットで自分たちの漁場がどうなっているか調査をしてみたい」「漁場環境がどうなっているかがわかると、自分たちの漁の仕方もわかるのでは」というような話がとび出して来ます。

若い漁業者さんから

「漁業が衰退している中で、これからどのように漁業で生きていけばよいのか、また気候変動で海の環境も変わってきている。そんな時に洋上風力発電の話が持ち上がってきている、この中で自分たちはどう対応していったらよいのか」

「渋谷さんみたいな海のプロから漁業以外のことでもいろいろ教えてもらいたい」

漁業者の方と一緒にROV調査を行う

地元の漁船を使ってのROV調査

と言ってくれることもあります。

長年、ダイバーとして生きてきて、水中工事だけでなく、水中環境や生物・漁業資源、そして海藻を大事にしたいという思いを持って海を見る目を養ってきたおかげだと思っています。

若い漁業者さんたちと一緒に、洋上風力発電と共に漁業を豊かにする活動は、未来の漁業を創っていくことにもなり、やりがいがあります。漁業者をやりながら水中のロボットの操作をする若手漁業者さんも出てくるでしょう。

自分の目で漁場を見られるように、水中ロボットで海中を観察する。そういう新しいタイプの漁業者さんが現れてもいいと思うのです。

かつては、漁場は漁業者さんの経験と勘でしか見つけ出すことができませんでした。しかし、魚群探知機ができて、経験が少なくても魚がいるかどうかが判断できるようになりました。職人技も大切ですが、それだけに頼っていては後継者は育ちません。先端技術もうまく使っていくことも大切です。経験や勘と先端技術がうまくミックスされて、新しい漁業が生まれると思います。

リモートリー　オペレイテッド　ヴィークル
ROVによる調査[Remotely Operated Vehicle]

若手の漁業者さんとの夢にあふれた話にベテラン漁業者さんが加わった時の場の盛り上がりを経験したこともあります。

若い漁業者さんがベテランの話を聞いているうちに、「人間の勘って大したものだ」と若い人が感心すれば、若者の話に「そうか、ロボットにそんなことができるのか。悪くないかもな」とベテランが興味をもったりします。

ここは譲れないという議論もありますが、それもいいことです。洋上風力発電という刺激によってベテランと若手の漁業者さんの壁が取り壊され、より密で濃いコミュニケーションができるようになるからです。

これも洋上風力発電の地域貢献ではないでしょうか。

エコロジカルデザインづくりとコミュニケーションはつながっています。漁業者さんや地域の方々との気持ち良いコミュニケーションから、質の高いエコロジカルデザインは生み出されると思います。

洋上風力発電を作る海域がどうなっているかを調査しつつも、同時に地道に地元の方々との

ROV（水中遠隔操作ヴィークル）で魚礁を調査する

SDI

魚群とROV

ROVの魚礁調査にも
オペレーターの技術力と感性が左右する

人間関係をつくり、情報を集めていくことで、その海が良くなるようなデザインが浮かんできたりします。

そのおかげで、洋上風力発電を進めようとしている事業者さんが漁協を訪ねると、「渋谷さんに聞いてみてくれ」とか「渋谷さんに相談してみるよ」という返答があるという話を聞くようになりました。

ただ、私一人では小さな力です。事業者さんなど大企業の方々が、一人ひとりの漁業者さん、地元の方々と膝を突き合わせ、この海域の環境を良くし、漁業が発展するには、どうしたらいいかを話し合っていただけるようになれば、日本の海は一気に回復し、漁業や地域経済が盛り上がり、日本は未来型の洋上風力発電ということで、世界から脚光を浴びることになると思います。

未来型の洋上風力発電づくりをめざす

五島浮体式洋上風車［はえんかぜ］

第四章

洋上風力発電で海を豊かにする

日本の海の現状をしっかり知ることから始める

日本の海は多くの人が思っているよりもはるかに深刻な状態です。それは地球の温暖化の影響を大きく受けてきているからです。そのひとつが、海水温が高くなり海藻が繁茂する藻場が年々少なくなっていることです。藻場がなくなると海が砂漠化して磯焼けという状況になります。

藻場というのは海藻が森のように繁っているところを言いますが、魚にとっては餌場であり住処であり産卵場であり稚魚の成育場であり、天敵から隠れる、彼らが生きるためにとても大切な場所です。

それが消失してしまっているのです。魚の数が減る一因になっているとも言われています。

また、藻場は海水中の CO_2 を吸収して酸素を供給する海の生態系では基礎生産の場です。CO_2 の吸収率は熱帯雨林の二・五倍だとも言われています。海が豊かであり続けるには、藻場

豊かな藻場　海藻のアラメ・カジメとホンダワラの混成林

藻場の消失　磯焼け状態の海底

はなくてはならない場だと思います。

洋上風力発電の盛んなヨーロッパの海を見て、洋上風力発電は海の環境・漁業と共生できるのではとの手応えを感じていました。その手応えをベースに、あらためて日本の海はどうなっているのか、見直してみることにしました。

二十数年前より、北海道から沖縄まで約六十数カ所の海に潜り、漁場や藻場がどうなっているかを調べていましたが、洋上風力と漁業とは共生できるのかという視点も加えて見直すようになりました。海の生態系は季節によっても状況が変わりますので、特に五島海域では季節ごとに潜ってデータを収集するようにしてみました。

国の環境・藻場調査報告では、三〇年前には二〇万ヘクタールあった藻場が今では一五万ヘクタールまで減少しているという報告があります。完全に消失しないまでも減少している藻場はたくさんあって、日本の近海の半分以上は消失ないしは消失の危機に瀕していると言えるのではないでしょうか。また私の潜水調査では、二〇一七年頃から急激に藻場が消えているようでした。

別添資料

藻場調査（2018～2020年度）の結果概要

藻場調査(2018～2020年度)で整備した藻場分布図の全体及び海区ごとの面積を集計した結果、一部の閉鎖性海域等を除いた全国の藻場分布面積は1,643.4km²となりました。藻場タイプ別では海藻藻場1,225.7km²、アマモ場329.9km²、スガモ場87.8km²でした。また、全国を100%としてみた場合の海区別の藻場の面積割合は、四国-九州沿岸海区が29.5%と最も高く、次いで北海道沿岸海区（日本海沿岸と太平洋沿岸）27.8%、本州南部日本海沿岸海区14.8%、本州北部日本海沿岸海区11.1%、南西諸島沿岸海区6.9%、中部太平洋沿岸海区6.6%、東北太平洋沿岸海区3.0%、小笠原諸島沿岸海区0.2%の順でした。海区・藻場タイプ別の藻場面積等は、下表のとおりです。

表　海区別の藻場面積（単位：km²）及び海区別藻場面積割合（%）

海区		各藻場タイプ（※1）の面積			藻場面積 (km²)	割合 (%)
		アマモ場	海藻藻場	スガモ場		
北海道沿岸	日本海沿岸	3.8	93.4	6.4	103.6	27.8
	太平洋沿岸	157.9	126.5	69.6	354.0	
東北太平洋沿岸（※2）		1.6	47.6	0.4	49.6	3.0
中部太平洋沿岸		9.7	98.3	0.0	108.0	6.6
本州北部日本海沿岸		31.9	149.8	1.2	182.9	11.1
本州南部日本海沿岸		16.6	216.4	10.2	243.2	14.8
四国-九州沿岸		6.1	479.2	0.0	485.3	29.5
南西諸島沿岸		102.3	11.1	0.0	113.4	6.9
小笠原諸島沿岸		0.0	3.4	0.0	3.4	0.2
計		329.9	1,225.7	87.8	1643.4	100（※3）

※1　藻場分布図の凡例となる藻場タイプは、アマモ場、海藻藻場、スガモ場の３つに区分しています。アマモ場は「波あたりの弱い内湾等の砂泥底で種子により繁殖する顕花植物の海草類の生育する場」、海藻藻場は「海草類のアマモ場、スガモ場以外の海藻類の生育する場」、スガモ場は「波あたりの比較的強い岩礁性の海域に生育するスガモ、エビアマモが主要な構成要素の一つである海藻混生藻場」とそれぞれ定義しています。

※2　東北太平洋沿岸の藻場面積は「平成27年度東北地方太平洋沿岸地域植生・海域等調査」のGISデータを、藻場調査（2018～2020年度）の藻場分布図の基本仕様を踏まえて再整理した結果。また、調査対象外の閉鎖性海域である東京湾、伊勢湾、瀬戸内海、有明海及び島原湾、八代海の藻場分布面積は含まれていません。

※3　各海区の割合を四捨五入したため%の加算値はちょうど100にはなりません。

藻場タイプ別の分布状況を整理したところ、砂泥底に分布するアマモ場は小笠原諸島沿岸海区を除く各海区でみられました。特に、北海道沿岸海区の太平洋沿岸の内湾、汽水湖や本州北部日本海沿岸海区の陸奥湾などに比較的大きな分布のまとまりがみられました。また、南西諸島沿岸海区でもサンゴ礁地形の中にホンダワラ類との混生も含め、比較的まとまって分布していました。

岩礁上に分布するスガモ場は、北海道沿岸海区、東北太平洋沿岸海区、本州北部及び本州南部日本海沿岸海区でみられました。本州南部日本海沿岸海区では、エビアマモを構成種とするスガモ場でした。

スガモ場と同様に岩盤や岩礁、礫上に分布する海藻藻場は全ての海区で分布が確認され、北海道沿岸海区の太平洋沿岸、南西諸島沿岸海区を除く各海区で最も広く分布していました。

藻場調査(2018~2020)　　　環境省より引用

藻場が少なくなり、魚のいない海がどんどん広がっているのです。藻場が消失すると海女さんたちの獲るアワビなどが一気に減少します。アワビの大産地といわれた石川県輪島、そして新潟や山形、秋田でもアワビが激減していました。

また、魚がいなければ漁業は成り立ちません。漁業者さんは、近海では魚が獲れないので遠くの海にまで出かけていかないと経済が成り立たなくなります。遠出は危険も伴うし、燃料費もかかるし、遠くへ行ったからたくさんの魚が獲れるとは限りません。ますます窮地に追い込まれると思います。

また、このまま海藻が減っていけば、海藻によるCO_2の吸収量も少なくなり、温暖化はますます進みます。海の環境が悪化し、それにともなった異常気象が今まで以上に起こるなど、魚や漁業者さんばかりでなく、地球上に住むすべての生物に実害が及んでくるようです。

その解決策のひとつとして、洋上風力発電が注目されています。CO_2を出さない電気をつくることが国策、地球環境の課題となっています。

しかし、ただ洋上風力発電の施設をつくればいいという単純な話ではないことを、前章でお話ししました。

日本では漁業など先行利用者がいて、その調整がどうしても必要になり、日本の海ならでは

アワビの聖地舳倉島にも磯焼けが…

石川県舳倉島磯焼け状況

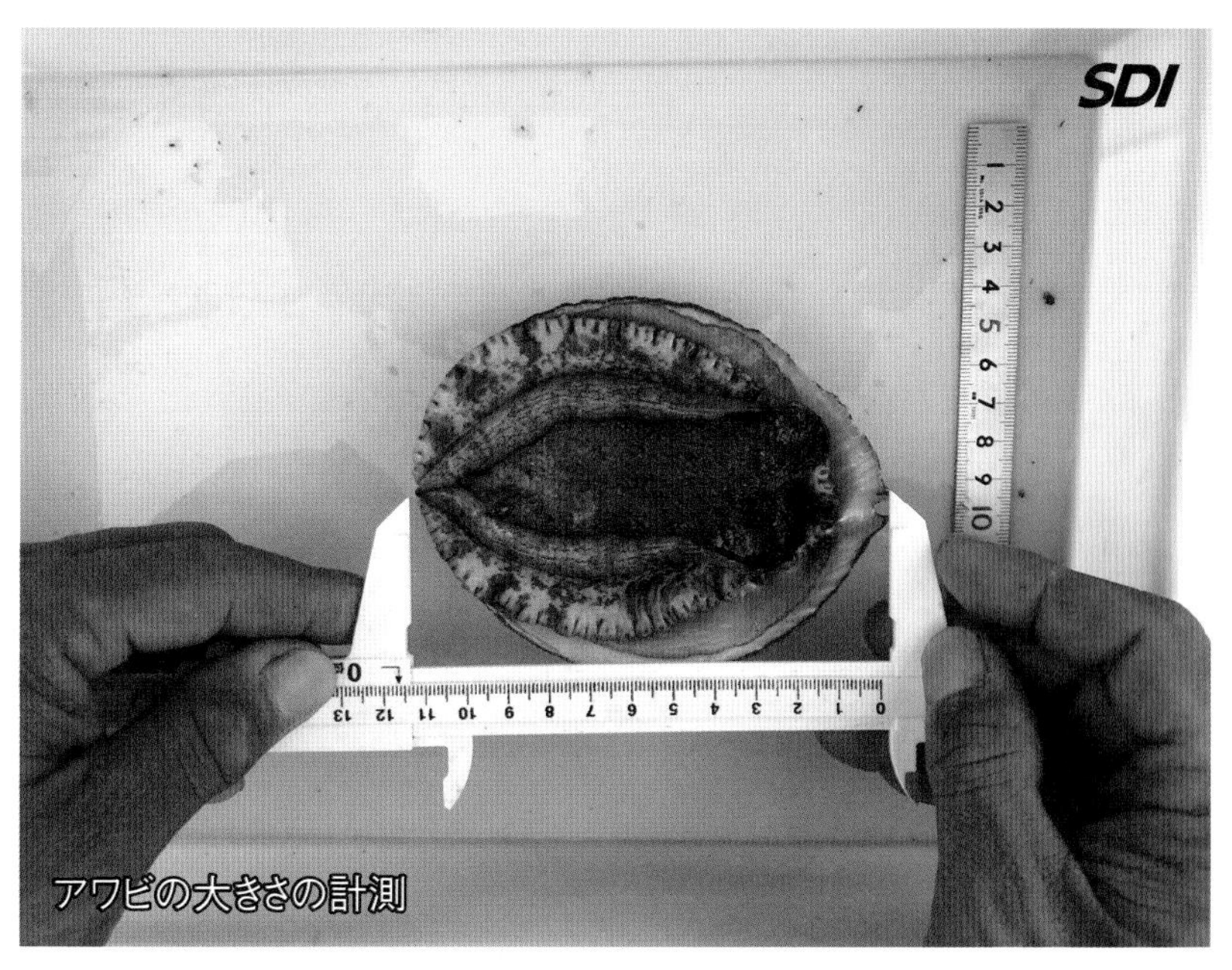

アワビの大きさの計測

の課題がいろいろあるからです。

洋上風力発電の先進地域はヨーロッパです。日本は大きく遅れをとっていて、やっとスタートラインに立ったところです。ヨーロッパを参考にしつつも、日本の海・漁業と調和した洋上風力発電をできるだけ早く築き、その洋上風力発電の進め方、デザインが次の洋上風力プロジェクトの見本になるようにすることだと思います。

洋上風力と漁業との共存共栄のモデルづくりの成功が、日本の洋上風力発電のスピードを加速させる可能性は充分にあります。

もう一度整理すると、ヨーロッパの洋上風力発電の模倣だけではうまくいかない部分が多々あります。日本の海の問題点を踏まえた上での洋上風力発電のデザインが大切になると思います。

ヨーロッパの海と日本の海とでは、さまざまな面で条件が違っているからです。その違いを「見える化」することで、日本の海と共生した洋上風力発電のグランドデザインができるのです。

洋上風力と漁業との共存共栄モデルづくりの成功が
日本の洋上風力発電のスピードを加速させる
構造物に蝟集する魚のイメージ
SDI グループ

SDI

SDI

たとえば、

◎洋上風力発電の盛んなイギリスは、海の権利はイギリス王室のものであり、電力事業者は王室と契約して海を利用することができる。

◎日本の海の沿岸部は、ほぼ漁業者に漁業権がある。したがって、海の開発を行う場合は漁業者の同意が必要になるのが一般的。

◎また一般海域の沖合部においても、沖合漁業などが営まれており、日本各地の漁業者が入り合い状態で漁業を行っている。

◎日本の海環境は、地球の温暖化によって海水温が上昇し、生物生態系の影響を大きく受けている。

◎そのこともあり、漁業資源が減少していること。

特に、日本の漁業は、ヨーロッパとは比べ物にならないほど、温暖化の打撃を受けています。

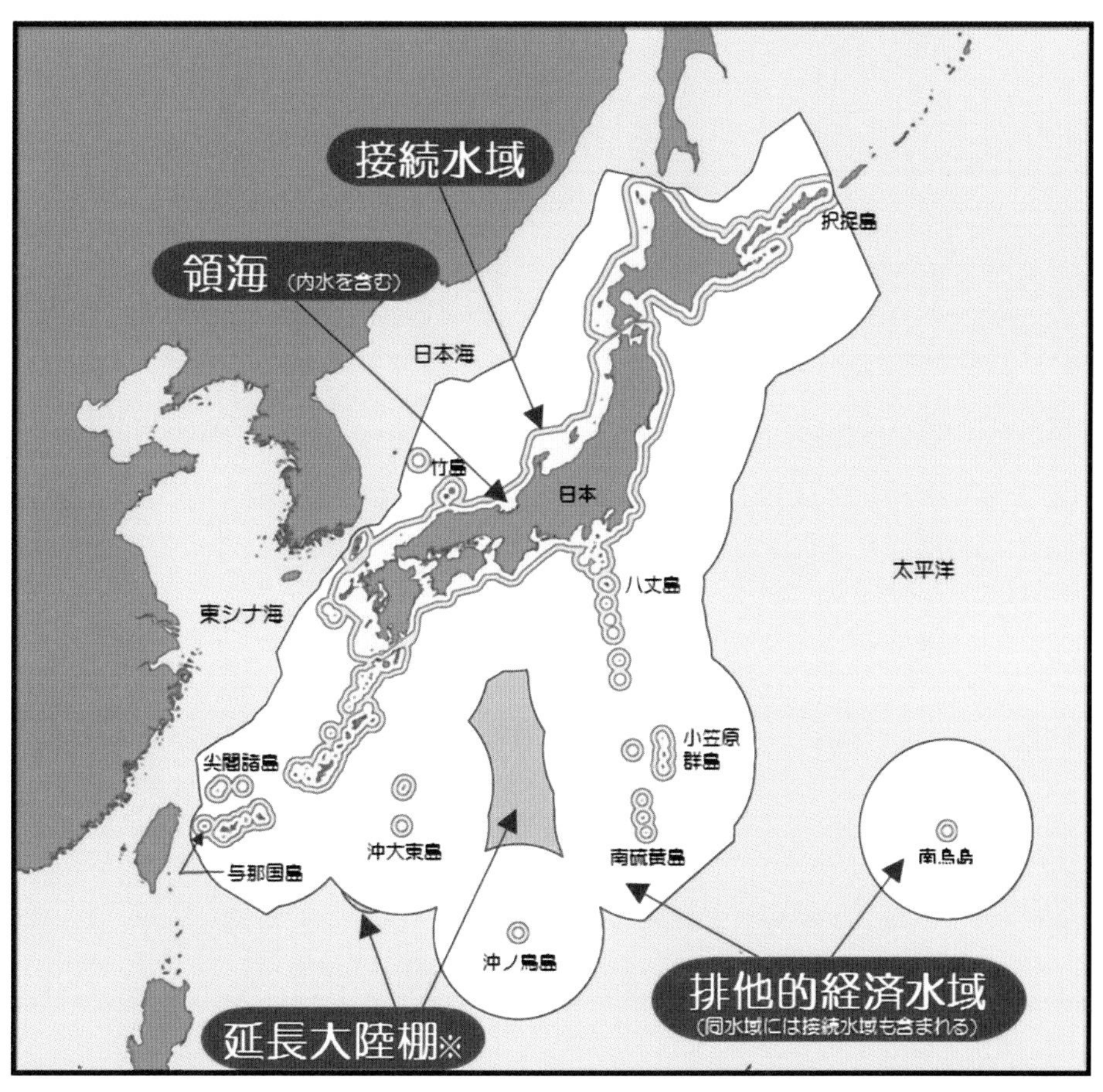

日本の排他的経済水域

海上保安庁より引用

洋上風力発電はCO_2を排出しないクリーンエネルギーだということで温暖化防止に役立っていますが、それだけではもったいないと思います。

もっと積極的に海の環境や漁業の資源を良くするなど洋上風力の付加価値を見い出して、漁業者さんや地域の方々、そしてすべての国民が協力してくれる仕組みづくりが大切になります。

積極的に海の環境を良くしようと思ったら、温暖化で海の中にどんな変化が起こっているかを実際に知る必要があります。そして、洋上風力発電が温暖化で疲弊している環境と調和し、新しい漁業の場となる可能性が見えてくると、漁業者の方々も前向きに取り組んでくれると思います。

長崎県・五島の洋上風力プロジェクトでは、洋上風力には新しい漁業の場になる可能性が見えたことで、否定的だった漁業者さんがポジティブに変化したのです。

海の環境や漁業資源を良くする
洋上風力の付加価値を見出していく

漁業者との前向きな打ち合わせ

漁業者さんや地域の方々、そしてすべての国民が
協力してくれる仕組みづくり

温暖化で磯焼けが広がり魚がいなくなっている

日本の海の砂漠化＝磯焼けは深刻です。

海に潜るたびに、豊かに生い茂っていた海藻が消え去っている海中を見て愕然とします。海藻に覆われていた岩がむき出しになって、まさに焼野原のがれきの山のような海底になっているからです。

だれもいなくなった町をゴーストタウンと言いますが、海藻が消え、魚がいなくなった海底を見ると切なくなってきます。ヨーロッパではほとんど見られなかった磯焼けが、日本の海中では延々と広がっているのです。

私の知るかぎりでは、漁業関係者の方々もただ砂漠化していく海を見ていたわけではありません。いろいろと対策を講じた所もあります。しかし、あれこれ試してもなかなか効果が出ず、どうしていいかわからないというのが実情なのかもしれません。

延々と広がる磯焼けの海を調査する

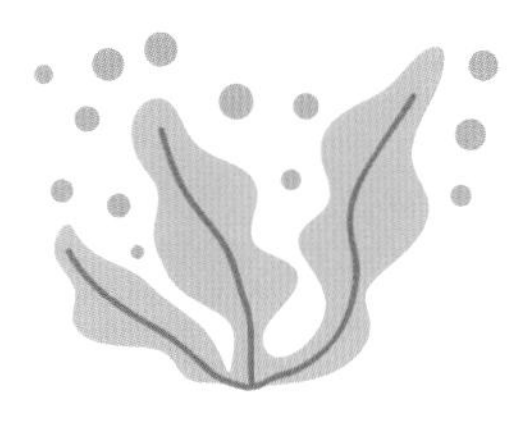

磯焼けの海を調査するダイバー

ある海域では、海藻を増やすためにコンクリート製の藻礁（海藻を繁殖させるためのブロック）を海に沈めました。藻礁を沈めて、かつてのような海藻の茂る海にしようという計画でした。漁業者の方も期待していました。しかし結果は藻礁には海藻が着生しませんでした。

それではと違う手段を講じて次の年もやったのですが成果は出ず、一七年間に一〇億円という費用をかけた海藻再生事業は、残念ながらうまくいかなかったといいます。

いったん失われた藻場を元に戻すには、単に藻礁を入れたら海藻がよみがえるというほど単純ではないようです。

私も藻礁によって藻場が回復しないか実験したことがありますが、磯焼け再生という大事業に対して、微々たる費用と労力で取り組んでも長続きせず、中途半端で終わってしまいました。磯焼けの原因はその海域ごとに違うことを明確にし、各々の海域ごとに対策を練り、継続して実行する必要があるようです。

磯焼けは小手先の対策では回復しないことが、この十数年の活動で明確になりました。磯焼け再生事業は国家規模の大事業として取り組む必要があると思っています。それだけの価値が藻場にあるからです。

藻場づくり用のブロックを設置しても海藻は再生せず

ブロックの投入は一時的な効果があるが持続せず

藻場は、海藻がたくさんありますのでCO_2を吸収して酸素を豊富に出してくれます。この酸素が微生物や植物プランクトンを呼び込み、さらに動物プランクトンの繁殖へとつながります。その動物プランクトンを食べに小魚が集まってきます。小魚は中型魚のエサになり中型魚は大型魚のエサになります。藻場は海の食物連鎖の基礎生産の場になっているのです。

魚たちのフンや死骸が海藻の栄養にもなっています。藻場では自然の循環が出来上がっていて、海の生き物たちのオアシスのような場でもあるようです。

かつての日本の近海は魚であふれていました。食物連鎖の循環が壊れていなかったからです。温暖化は、海の生態系を破壊しながら、ますます猛威をふるっています。

温暖化は、もとをたどれば経済成長や便利で豊かな社会を享受するために石油や石炭を使い、CO_2を多量に出し、「もっと、もっと」と追求する人間の都合だけを考えた生き方が原因で起こりました。行き過ぎた破壊のために、もはや簡単には元に戻らなくなってしまっています。

また、ウニのような海藻を食べてしまう生き物が、海水温が高くなったことで、冬眠することなく一年中活動することも海藻減少の原因になっています。ウニに海藻が食べつくされて、海底がウニだらけという海もあります。海藻がなくなった海のウニは食べ物が少なくなったこ

藻場の光合成

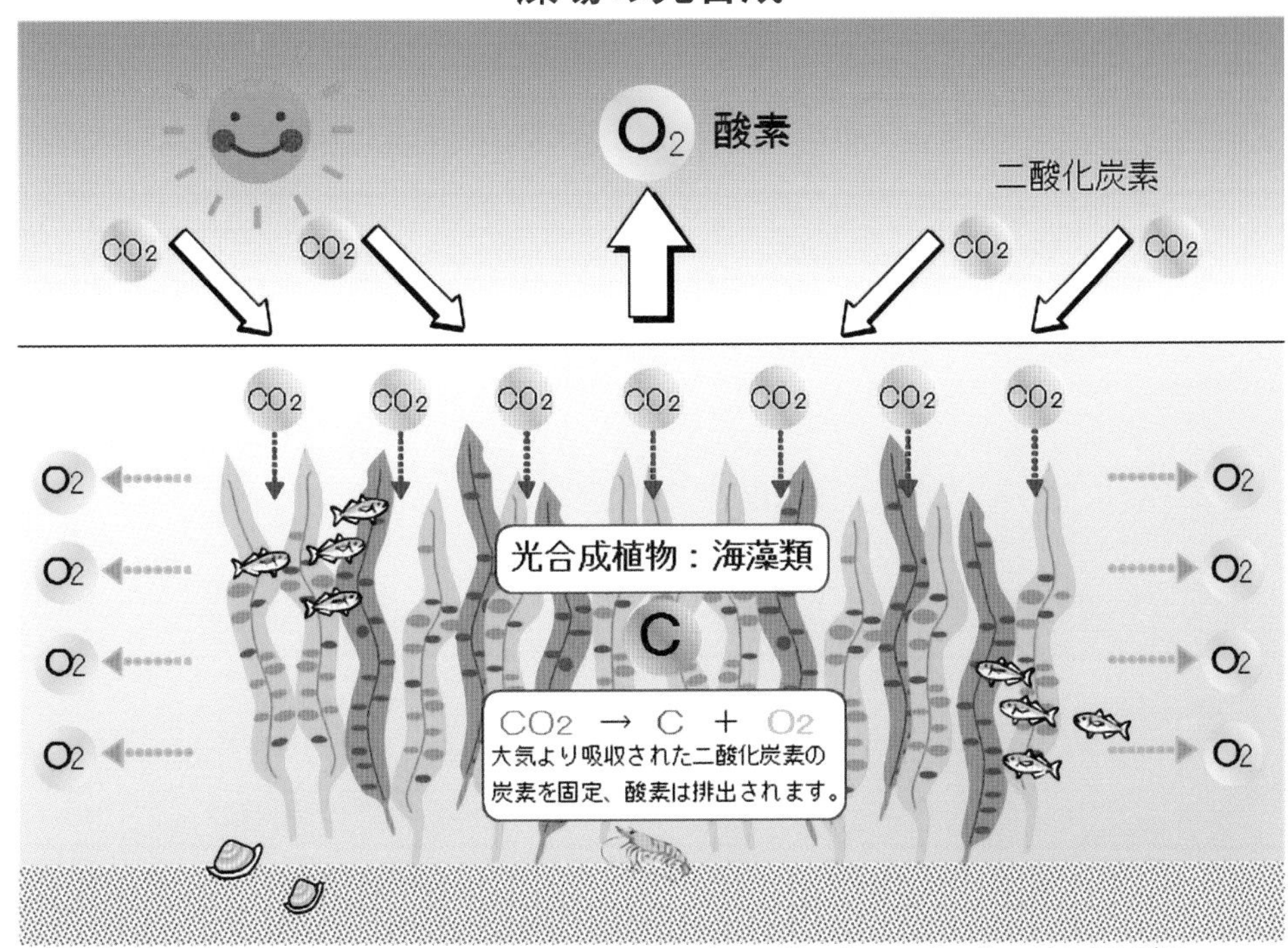

https://ngojwg.org/seaforest.htmlより引用

大量のウニによる食害（50cm×50cm枠に14個体のウニ）

とで、ウニの身が貧弱で売り物にならないのです。そのようなウニが原因で磯焼けになった海域では、ウニを除去することで海藻が回復することがわかってきています。

温暖化だから仕方ないではすまされません。海中の酸性化を防ぎ、陸の森林のようにCO_2を吸収し、そして海の生物を豊かにする基礎生産の場である藻場を放っておくことはできないでしょう。カーボンニュートラルな社会をつくる上でも、CO_2を出さない洋上風力発電と同じくらい、藻場再生は重要なテーマだと思っています。

その有力な手段のひとつとして洋上風力発電と共に藻場を再生することです。洋上風車の下に潜った時、風車のまわりに海藻が着生して、たくさんの魚が泳ぎ回っているのを見て、藻場再生の可能性が見えてきたのです。

ウニの除去

SDI

ウニの食害が原因で磯焼けになった藻場

↓

洋上風力発電と共に藻場を再生する

温暖化で南の海の魚が北へ移動してきている

温暖化の影響の二つ目は、南の魚が北上していることです。日本は南からの黒潮という暖流が、北からは親潮という寒流に包みこまれるような島国です。その二つの海流は地球の温暖化で海水温が高くなっています。

そのせいで、日本の近海では南の魚が棲みやすくなったようで、南のあたたかい海流に乗って北の海にも移動してきています。北海道のサケの定置網に南方で獲れるブリが入るという現象がおきています。

もともと、日本の食文化は「東のサケ、西のブリ」と言われてきました。

どうして東がサケで西がブリなのか。

海水温の違いです。サケは水温の低い海に生息し、ブリは水温の高いところでたくさん獲れていたからです。

鮭の動向

表2. サケ来遊数（北海道）

単位：万尾

来遊年	北海道全体		北海道太平洋側		北海道日本海側	
	12/31現在	最終	12/31現在	最終	12/31現在	最終
2017(平成29)	1,737	1,737	578	578	1,159	1,159
2018(平成30)	2,316	2,316	982	982	1,334	1,334
2019(令和元)	1,756	1,756	699	699	1,057	1,057
2020(令和2)	1,832	1,832	514	514	1,318	1,318
2021(令和3)	1,863	1,863	392	392	1,471	1,471
2022(令和4)	3,347	-	710	-	2,637	-
平年	4,058	4,059	2,241	2,241	1,818	1,818

*四捨五入の影響で、地域の合計が北海道全体と一致しない場合があります。

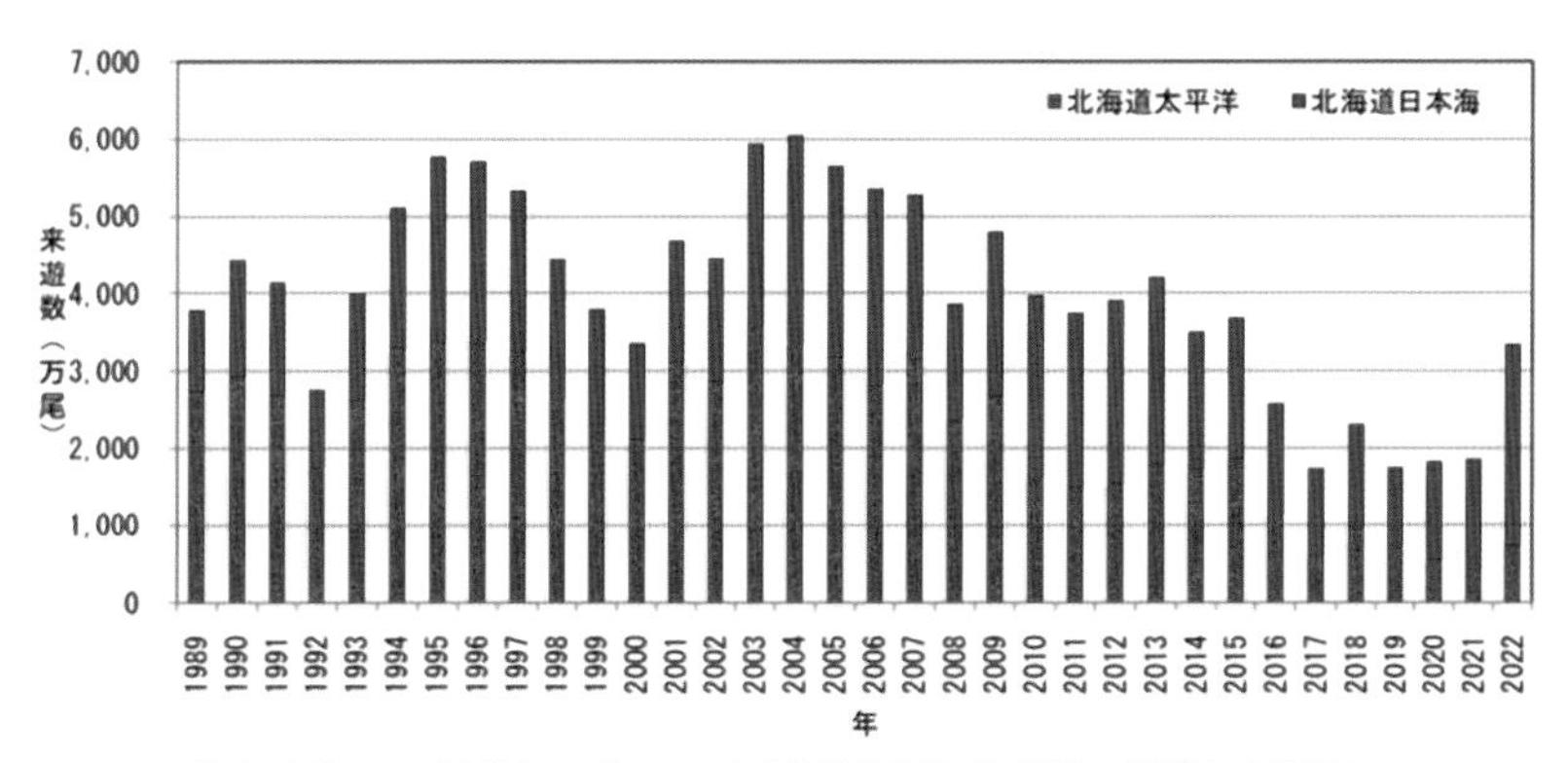

図2. 8月1日〜12月31日までのサケ北海道来遊数（累計値）. 2022年は速報値.

https://salmon.fra.affrc.go.jp/zousyoku/salmon/R4comment_1231_return.pdfより引用

ブリの動向

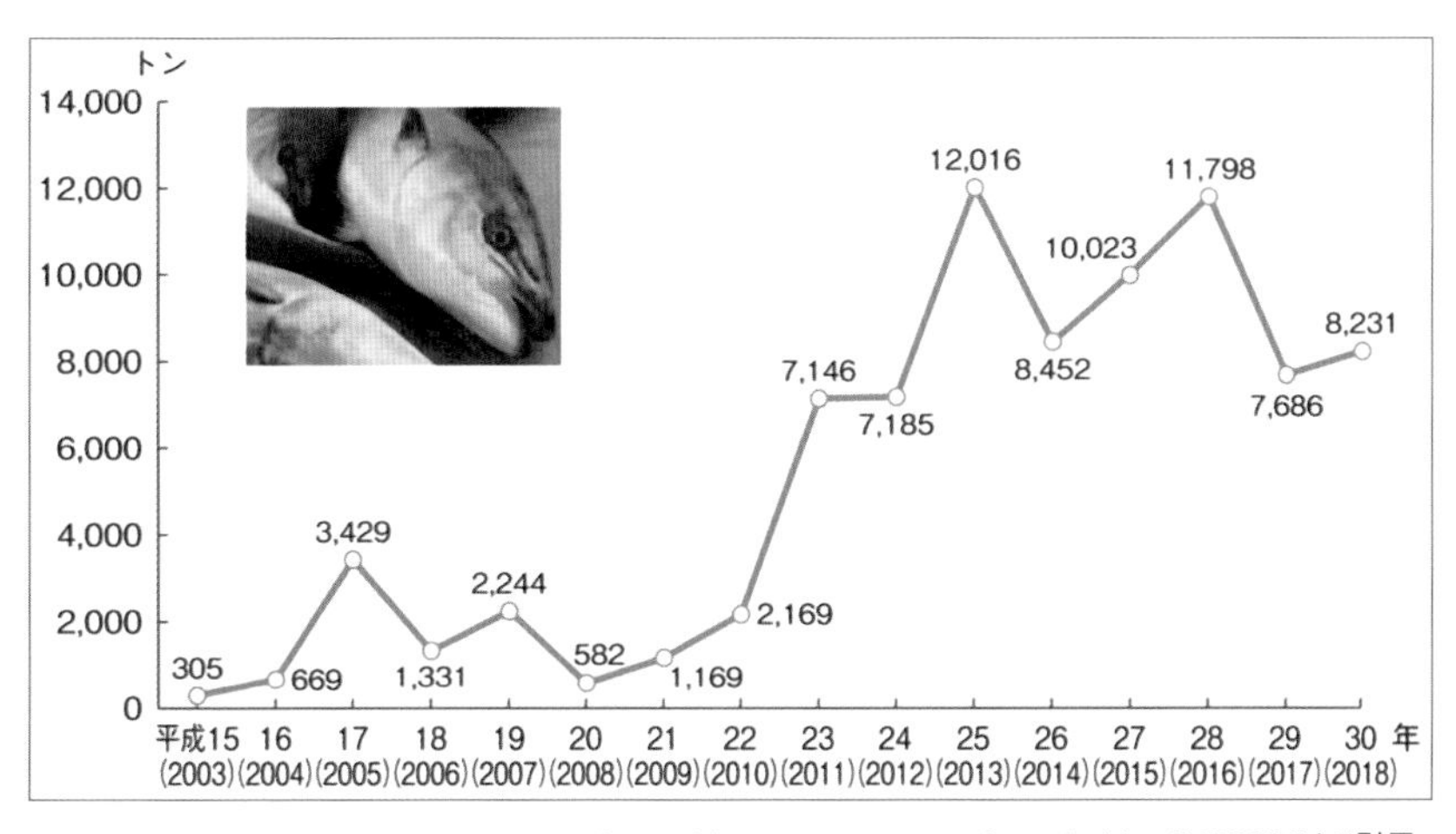

https://empowerment.tsuda.ac.jp/detail/36396より引用

ところが近年、北海道や東北の海に多数のブリが回遊してきていると言うのです。ほかにも、南方の魚が増えてきているようです。

逆に冷たい水を好むサケやホッケ、ニシンなどが北海道や東北の海では獲れなくなってきています。

漁師さんたちは大変だろうと思います。

これまではサケやホッケ、ニシンを獲っていたのに、いきなりブリが増えたからと言われても困ります。サケとブリとでは漁獲法も違うし、漁具だってブリ用のものをそろえないといけません。せっかくこれまで蓄積したノウハウが生かせなくなってしまいます。

秋田はハタハタの産地として有名ですが、今は非常に少なくなっているようです。そのかわり、数年前まで獲れなかったアカアマダイなどの南方系の魚が獲れるようになったと言われています。

獲れる魚の種類が変わることで、漁業者さんたちも戸惑っているようです。洋上風力発電では、魚を蝟集させる効果がわかってきています。それぞれの海域の違いはありますが、根魚や

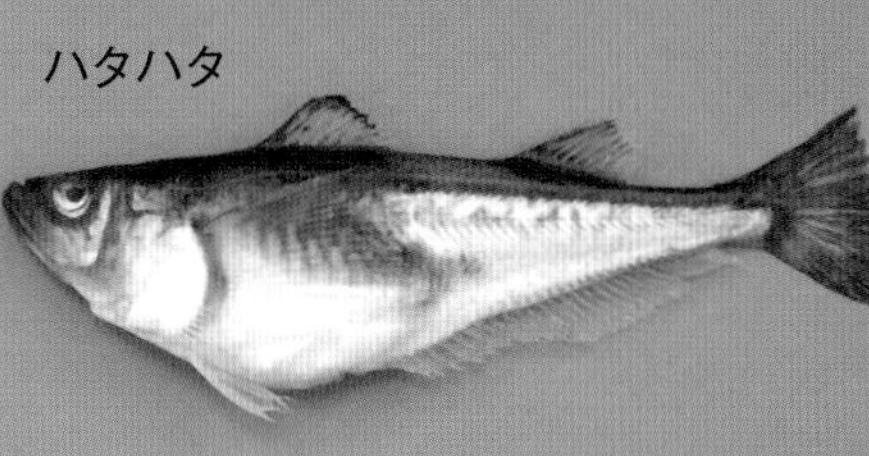

https://www.zukan-bouz.com/syuより引用

ハタハタ漁

回遊魚が蝟集してきます。

これからの漁業は、それぞれの海域で違いはありますが、南からきた魚たちを獲りながら生活を安定させていくという漁業に変わっていくのかもしれません。

温暖化によって漁獲高がピーク時の三分の一に

三つ目が温暖化によって漁獲高がさらに減少することです。ここまで述べた磯焼けや獲れる魚の変化とも関係があります。

日本の水産物の国内漁獲高を見ると、一九八〇年代前半がピークで、約一二〇〇万トンの水揚げがありました。ところが一九八〇年代も後半になってからずっと右肩下がり。二〇一二年には四〇〇万トンになっています。三分の一です。

企業や店舗の売り上げが三分の一になったら大騒ぎになるはずです。そうなると、臨時休業、あるいは倒産ということにもなるでしょう。

マグロの水揚げ状況（銚子漁港）

イワシの水揚げ状況（銚子漁港）

漁業も同じだと思います。各地域で漁業の経営状態の良し悪しの差はあると思いますが、全国の漁業組合の半数以上が運営が苦しくなっていると言われています。今はぎりぎりのところでがんばっているようです。日本の漁業の先行きには希望がない状態とも言えます。

そのため後継者がいなくなり、高齢者ばかりの漁業になっています。


漁業では食べていけないので、若い人は跡を継ぎたいと思わないし、親も息子を漁業者にしようとは思いません。

そうなると、漁業に就く人はどんどん減っていきます。残ったのは高齢者ばかりという状況になっているのが現状です。

どんな職業でもそうですが、若い人がいない職場には活気が出にくいと思います。日本の漁業では若い人がいなくて高齢者が残り、いずれその高齢者も海に出られなくなります。漁業が盛んだった地域はどんどん寂れていくと思います。。

このままいくと日本の漁業はどうなってしまうのでしょうか。輸入に頼ってばかりいては、いつか日本の食卓の魚は海外にコントロールされるようになってしまうでしょう。

漁業就業者の推移

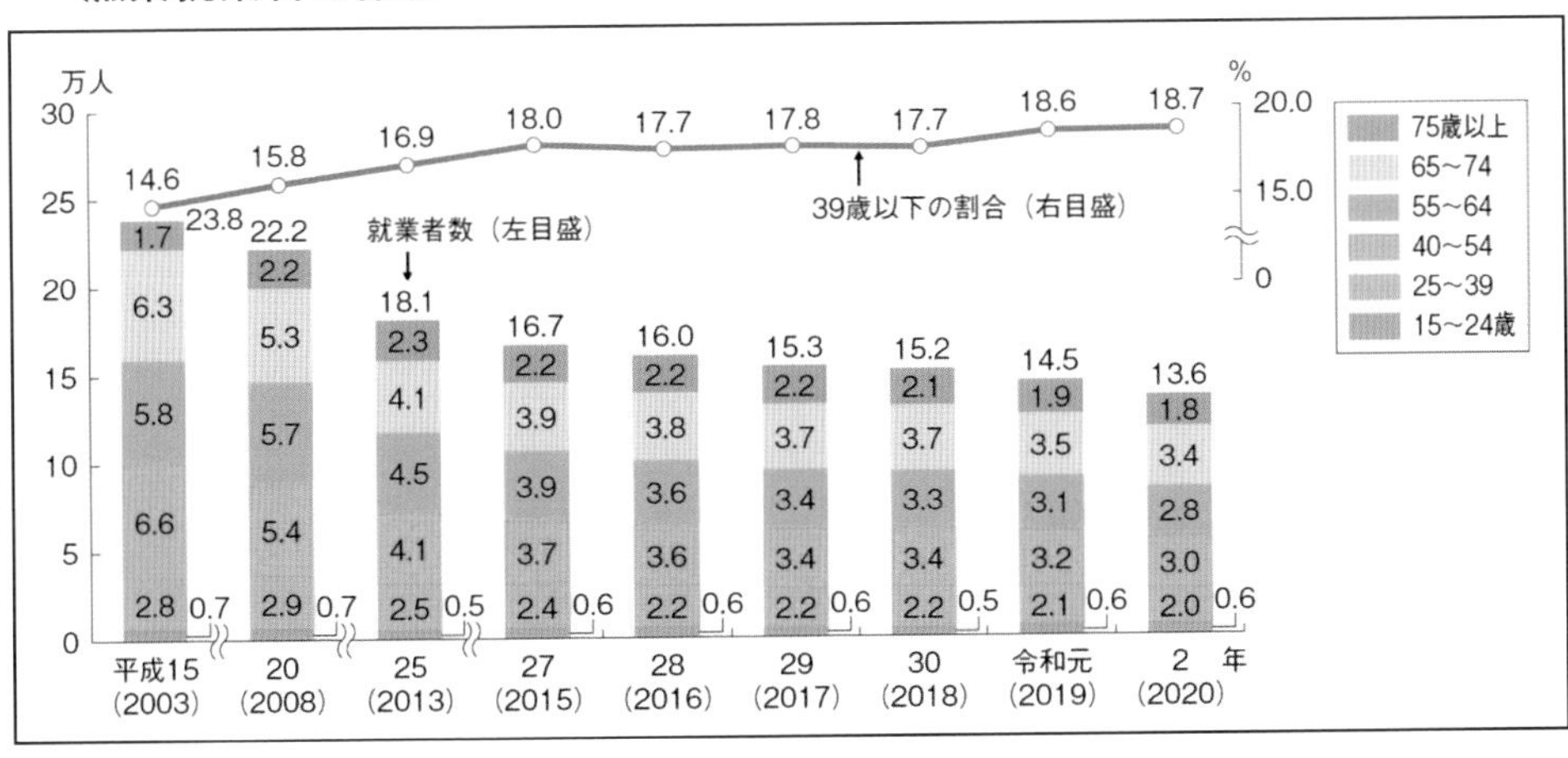

https://www.jfa.maff.go.jp/index.htmlより引用

そうならないためにも、日本の漁業を再生し、日本の沿岸で獲れる魚を増やし、魚の自給自足率を一〇〇パーセントにする必要があると思います。

魚が獲れないことには始まりません。漁業できちんと生計が立てられる方法を創出する必要があります。そうすることで高齢者の方々も自分たちができることをやっていこうという気持ちにもなります。若い人たちも先祖代々の家業である漁業を簡単には捨てないと思います。

漁業者の方々が前向きな気持ちで漁業に取り組むことができるような仕組みづくりが大切です。前向きな気持ちは「これからどうやって漁業を盛り立てていくか」といったアイデアを生み出します。ヨーロッパの漁業者は獲る魚の資源管理をしています。魚を増やして値段の良い時に獲る、そのような漁業のやり方を実施することで、豊かな漁業生活を送ることができています。

日本の漁業者も、明るい将来が見えてくれば、資源管理にも目を向けることができるはずです。

日本の漁業の沈み込む流れを浮上の方向にもっていく必要があります。

洋上風力発電は、その起爆剤になりうる共生プロジェクトです。

海洋構造物にたくさんの魚や貝が集まっていた

温暖化によって海の中は磯焼けが広がって魚が減っています。海水温の上昇によって、沿岸部で獲れる魚の種類が変わってきます。そのために漁業が衰退し、後継者もいなくなり、若者は都会へ出ていき、地域が廃れていきます。

ここに歯止めをかけ、さらには地域や漁業を活性化する必要があります。

どうすれば磯焼けの広がりや漁業の衰退にストップをかけることができるか、自分の体験を

水面下から地球を支える

ふり返ってみたいと思います。

一九九〇年（平成二年）、神奈川県川崎市から千葉県木更津市まで東京湾を横断する道路（東京湾アクアライン）の建設がスタート。「風の塔」や「海ほたる」の海中部分の工事を請負うことになりました。

「風の塔」の海中部分は鋼管のジャケット構造になっていました。ジャケット構造とは直径一・五メートルから二メートル余りの鋼管を井ゲタのように組んだものです。この井ゲタ構造のジャケットを海の中に設置した時に、潜水して設置状況を確認しに行きました。

その時でした。

「あれっ」

と思いました。鋼管ジャケットの間で何かがキラッと光ったのです。よく見ると魚の群れでした。

「魚の群れだ！」

私は目を凝らしました。クロダイでした。

ジャケットを入れたら次の日にクロダイがついたのです。

工事中の海ほたる（平成5年頃）

工事中の風の塔（平成5年頃）

以降、ジャケットの水中に潜るたびに魚や生物の観察をするようにしました。観察してみると、たくさんのメバルやタコ、スズキなどが集まってきているのがわかりました。

また「海ほたる」の周辺に設置した消波ブロックにはワカメやホンダワラなどの海藻がびっしりと着生して藻場を形成していることもわかりました。

それをきっかけに、私は海洋構造物が海の環境や生物にどのような影響を与えているのかを調べては、その情報を発信し始めたのです。

海洋構造物は魚や生物に好影響を与えている可能性があると、潜水するたびに撮影記録をとり、外部の方々に情報発信をしました。そのような人工物が魚礁化になるとの下地を築いていたので、アメリカで見た機内誌の洋上風力発電に注目したのだと思います。

「風車の建っている海の中はどうなっているのだろう?」

「魚は集まっているだろうか」

「海藻はちゃんと着生しているだろうか」

と関心が集中したのです。

洋上風力発電のCO_2削減やこれからのエネルギー政策にも興味がありましたが、それ以上に、

洋上風力施設

構造物に蝟集する魚

関心は海の中に向かいました。

何とか洋上風力とその海の中を見てみたいと、最初はヨーロッパで行われていた洋上風力の展示・会議に出かけてみました。展示会で洋上風車の下で海の環境はどうなっているか、とか漁業者とはどう折り合いをつけているか聞いて回りましたが、当時はそれに答えてくれる展示者はいませんでした。

仕方がないので展示会場で知り合った電力会社や海洋研究所などに出かけていき、洋上風力の話を聞いて回りました。そこでも洋上風車をつくることの話ばかりで、環境と漁業との関係性の話は出てきませんでした。

わかったことは、ヨーロッパの海は日本のように磯焼けが発生しておらず、漁業とも良い関係ができていたことでした。


ちょうどその頃、日本でも五島で環境省の浮体式洋上風力発電の実証実験が始まり、かかわることになりました。時間の許すかぎり五島に飛んでいき、洋上風車のある海に潜り、風車の下がどうなるかを克明に調べてみました。そして、海に潜っているうちに様々な実態がわかってきました。五島の海は磯焼けが拡がり、魚貝類も激減していました。そして漁業も衰退しつ

SDI
EMEC ORKNEY
www.emec.org.uk

SDI
RAVESTEIN
VandeGrijp

SDI

SDI

SDI
Waterman Group

ヨーロッパ視察

つありました。

それが今は、活気を取りもどす海になっています。

「洋上風力発電は海を豊かにする」

その手応えを五島の漁業者の方々が感じてきたのです。私自身も五島の洋上風力の魚貝・生物の蝟集状況をみて、洋上風力と漁業は共生できる可能性があると判断し、五島に「海洋エネルギー漁業共生センター」を設立しました。

五島の漁業共生センターの設立後、多くの電力事業者や全国の漁業関係者の方々がセンターを訪れ、洋上風力と漁業の共生について情報提供をすることができました。同時にカーボンニュートラル社会への共生センターとしての貢献をどうするかも取り組むようになりました。

洋上風力でCO_2の排出を抑えつつ、CO_2を吸収するブルーカーボンをどうつくり出すか取り組むようになったのです。同時に漁業を持続的に豊かにしていくにはどうしたらよいか本格的に取り組むようになったのです。

洋上風力発電を建設することで化石燃料を使わなくてすむようになればCO_2の排出はかなり抑えられますし、その上、風車の下の海で藻場が広がれば、海藻によって大量のCO_2が吸収されます。一石二鳥です。これだけのカーボンニュートラルへの推進力をもったものはほかに考

“洋上風力と漁業は共生できる可能性がある”
そう判断して、「海洋エネルギー漁業共生センター」を設立

長崎・五島の海洋エネルギー漁業共生センター

えられません。

温暖化をストップし、豊かな海が戻ってきて、そこでたくさんの魚が獲れて、漁業者の人々も活気を取り戻し、若者が希望をもって漁業を営み、地域も活性化する。

洋上風力発電には、そうした明るい未来をつくる可能性があります。これを生かさない手はありません。少し大げさかもしれませんが、地球がどんどん危うい状態になっていく中、自然の神が私たちの与えてくれた最高のギフトではないかと思っています。

第五章

潜水士から
エコロジカルダイバーへ

水中にダイナマイトを仕掛けて磯を爆破したこともある

今、環境や漁業と共生した洋上風力発電に取り組んでいる自分の姿を見ると、感慨深い思いがこみ上げてきます。

私は海に潜ることが好きで潜水士という仕事を選びました。

潜水士になって五〇年余り、その間、東京アクアラインやレインボーブリッジなどの海面下の基礎構造物をつくってきました。海に潜って調査をし、海底をならし、そこにケーソン函を据え付ける仕事や、水中に型枠を組んでコンクリートを流し込んで、隅田川沿いの防潮堤をつくったりもしてきました。きれいな外観が話題になるレインボーブリッジですが、透明度がほとんどない水面下の基礎工事を何年もかけてやり、橋を支える工事もやってきました。

ほかにも、糞尿まみれになって下水処理場の中で工事をしたり、災害現場での救助活動や遺

SDI
水中発破の名人
＝
磯破壊の名人
SDI
優秀な潜水士
＝
優秀な環境破壊者
SDI
下水処理場の潜水
SDI
転落車輌の引き上げ
レインボーブリッジの基礎

体の引き揚げをしたこともあります。ありとあらゆる海の中の仕事を引き受けてきました。どちらかというと荒っぽい水中工事が多かったと思います。

たとえば、伊豆七島などの港をつくる時に、海の中の磯がじゃまになるので壊す必要があり、水中に潜ってダイナマイトを仕掛けて磯を爆破するということもやりました。こんな時は、いかに効率よく磯を破壊するかが潜水士の腕の見せ所でした。

日本は高度成長期で、ものすごい勢いで港や道路、橋などのインフラ整備をやっていた時代でした。その中で潜水技術を高め、バリバリ水中で工事をする自分の仕事に誇りを持ってやってきました。

ところが、昭和も終わりに差し掛かったころ、環境問題が取りざたされるようになり、自分の仕事に疑問を持ち始めるようになったのです。

「自分は海の環境を破壊してきたのではないか」という疑問でした。それまでは、ダイナマイトで磯を爆破しても、潜水士として与えられた仕事を忠実に確実にこなしてきただけのことで、罪悪感どころか、うまくいった時の満足感で自分の仕事ぶりに誇りをもっていました。

また現実問題として、私は小さいながらも会社の経営者で、従業員やその家族、自分の家族

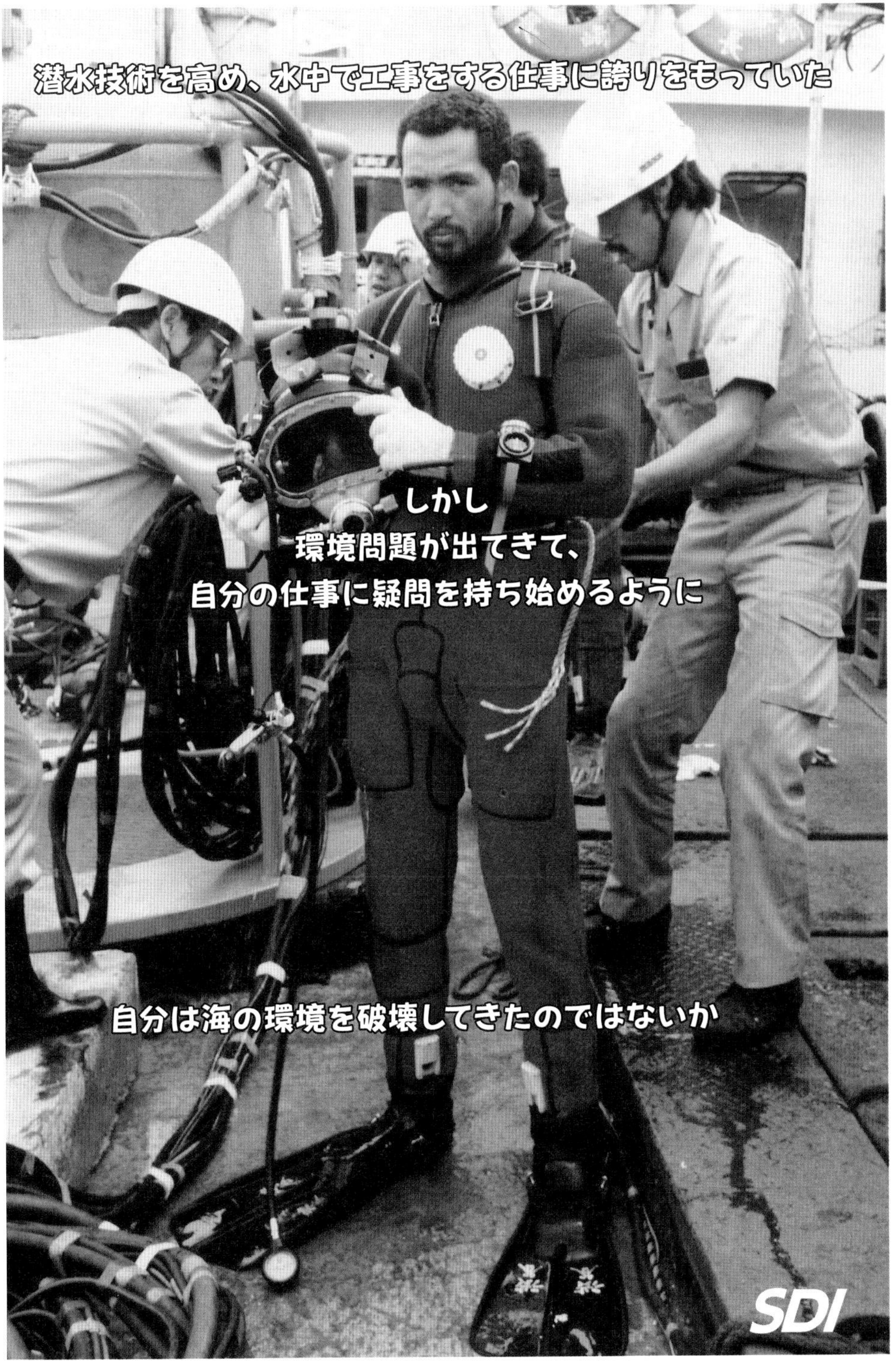

潜水技術を高め、水中で工事をする仕事に誇りをもっていた

しかし
環境問題が出てきて、
自分の仕事に疑問を持ち始めるように

自分は海の環境を破壊してきたのではないか

SDI

バリバリで潜水をやっていたころの私(30歳)
今この写真を振り返ると少し恥ずかしい気持ちが…。

を養っていくことが当り前で、海の環境に意識を向ける余裕がありませんでした。水俣病問題や粉塵病問題のニュースも他人事として見ていました。

疑問を感じるようになったきっかけは、テレビの環境ニュースや雑誌などで目にした地球の環境問題の記事でした。そのころ、なぜか地球環境に目が行くようになり、環境をテーマにした会合やワークショップに誘われて参加するようになりました。

たしか屋久島で行われた環境のワークショップに参加した時に、ボルネオの熱帯雨林を伐採開発する業者と、その開発を止めようとする人々のビデオを見たのです。

衝撃でした。木を切るチェーンソーを持った人々と、それを止めるために大木に自分の体をチェーンで巻きつけている人々がいたのです。ここまでしてCO_2を吸収する熱帯雨林を守ろうとしている人々を見た時の衝撃は私の中の何かがはじけたようでした。

はじけた意識が私自身の水中工事をしてきた潜水士の仕事を見直し始めたのです。ボルネオの熱帯雨林を伐採するあのシーンを、海に置きかえてみると、自分は海の仕事でチェーンソーを持つ人々と同じように、海の磯を破壊してきたのではないかということでした。

社会のために、生活のために良かれとやってきたことが、環境という面から見たら、私は海

ボルネオ島の森林減少

deforestation in Borneo island

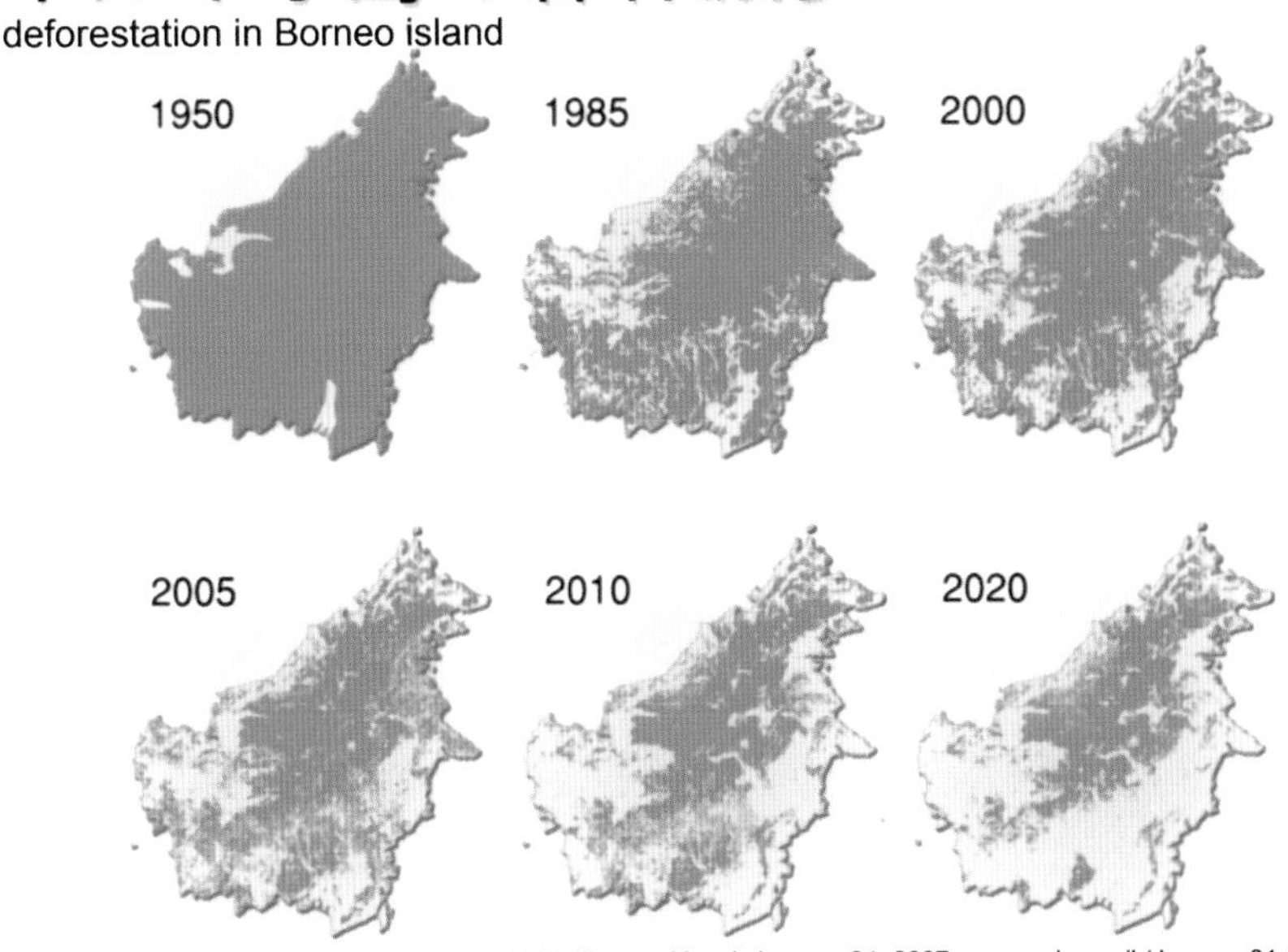

Source: Radday, M, WWF Germany. 2007. 'Borneo Maps'. January 24, 2007, personal e-mail (January 24, 2007)
Cartographer: Hugo Ahlenius, UNEP/GRID-Arendal

の破壊者だったと気づいたのです。誇りを持ってやってきた潜水士の仕事がだんだん恥ずかしく思えるようになってきました。

「潜水士という仕事を取るか、地球環境を取るか」

そんな切羽詰まった状態に追い詰められたのです。

内観をしたことで海に対する感謝の思いが湧き上がってきた

実は、環境問題に目がいくようになる前に、私の人生は激動とも言える時期を経験していました。弟の自殺という身内の不幸があったり、信頼していた部下の裏切りがあって会社を乗っ取られたりと、人生のどん底ともいえる状態になり、「心が折れる寸前」でした。そんな私を救ってくれたのが自分の内側を見る「内観」という心の修養法でした。

今、その頃を振り返ると、絶望とも言えるどん底に落ちると、何かにすがりたくなるような心境になり、以前だったら見向きもしない心の修養に取り組むようになったのです。

内観というのは、自分の「内を観る」ということでした。我々は通常は自分の外側でおきている出来事に目が向いています（これも内観で知ったことですが）。外側に目や意識が向いている日常を、一度離れて静かになって自分の内を観てみるというワークでした。

やり方としては非常にシンプルで、生まれてから今日までの自分の人生はどうであったかを、次の三つのテーマで調べていくものでした。

●お世話になったこと　●お返ししたこと　●迷惑をかけたこと

この三つを手掛かりに、生まれた時から現在まで、父や母などについて丹念に「事実」を調べていくものでした。

一週間、静かに座り、ひたすら三つのことを通して自分のありようを調べていきました。

最初のうちは大したことは思い出せませんでした。自分の内を観るという、自分の意識がど

心が折れる寸前
自分の人生をふりかえる

のように動いているのかを見る習慣がなかったので、そのやり方に慣れるまで少し時間がかかったのだと思います。しかし、何度も気をとり直して集中して、テーマに沿って意識を向けていくと、ハッとする瞬間が訪れてきたのです。両親にさんざんお世話になり、そのうえ迷惑をかけていたのに、自分は両親に何のお返しもしていないことに気づいたからです。

父や母に対して、そのような意識で自分を観たことがなかったので、そのことに気づいた時は胸にこみあげるものが湧きおこって申し訳ないという気持ちと、有難うございますという感謝の思いで、涙があふれてきました。

自分のしたことの事実がハッキリ見えると、父や母に対して心の底から感謝が湧き上がってくるのです。

内観から戻って一週間ほどは、父や母のことを思うと涙がこぼれてきました。両親ばかりではありません。妻や子どもたち、従業員に対しても、「有難い」という感謝が出るようになっていました。それまでの私は、自分の思い通りにならないとイライラしたり、怒ったりと、自分勝手で傲慢な生き方をしていたのですが、内観をして自分のやってきた事実を知ったら、傲慢さや自分勝手さが出なくなったのです。

自分の内を観ると・・・

感謝の気持ちが湧きあがってきて・・・

同時に海に対する見方も変わってきました。

これまでも海は好きでしたが、あくまでも仕事の場所であって、海で仕事をして利益を出し、会社を安定させるのが一番でした。海のすばらしさを味わう余裕などなく、ひたすら効率的に作業をすることを優先して海に潜っていたのです。

海底での仕事を終えたら、潜水病を防ぐために浮上の途中で深さ三〜六メートルのところでロープにぶら下がってすごします。体内の窒素ガスを減らすために三〇分から六〇分、長いときで二時間ほどになることも……。内観をやる前の私は、その減圧している時間が退屈でもったいなくて仕方ありませんでした。

ところが、内観後のある日、いつものように海中でぶら下がっていると、いつもと違う感覚がありました。イライラもないし、早く上がりたいという気持ちもありません。その場にいることが気持ち良くて、水中に身を任せている自分がいたのです。

そんな体験をして以来、自分は海に生かされてきたという感謝の念がどんどん強くなってきたのです。まるで海は母であり父であるかのように……。そして海がなければ潜水士としての

海中でロープにつかまって減圧

今の私の生活はありません。海への感謝の気持ちがフツフツと湧いて出てくるようになりました。

同時に私が海に対してやってきた事実についても気がつきました。私は海に対してひどいことをしてきた。ハッパをかけて磯を壊したり、水中に物を投げ捨てたり、海藻を邪魔物扱いしたりと。そういう海や海の生物に対して自分のやってきたことに気づき、同時に申し訳ないという気持ちが出てきたのです。一時はもう潜水士をやめたほうがいいのではないかとまで思いつめた時期がありました。

エコロジカルダイバーとして生きていくことを決意

そんな時に東京湾アクアラインの工事が始まりました。前々から決まっていたことだったので、「とにかくこの仕事だけはしっかりとやってから先のことを決めよう」と思って、ひとつ気持ちが乗らないまま海に潜って仕事をしていました。

東京湾アクアラインの工事(海ほたる)

東京湾アクアラインの工事(風の塔)

https://www.taisei-techsolu.jp/より引用

そこで、前の章でお話したように、「風の塔」や「海ほたる」の海中構造物に魚たちが集まってきていることに気づいたのです。

「そう言えば、今までも水中の構造物に魚が集まっていたなあ」と構造物に魚が蝟集していることを思い出したのです。それまでは意識していなかったこともあり、それが重要なことだとは思ってもみませんでした。

内観をやって、自分の内側の意識に目を向ける余裕ができ、海や生物に感謝が出るようになっていたせいか、「風の塔」や「海ほたる」の海の中に潜った時に「はッ」とする気づきにつながったのです。

「海洋構造物は悪いことばかりではない。やり方によっては水中の生態系を豊かにするかもしれない」

心の中に一条の光がさし込んだようでした。その日から、水中の作業をやりながら風の塔の水中の魚や生物の状況を観察しました。驚いたのは、それまでは水中作業のたびに目にしていたはずの海の中の生態が、海の環境を良くしたいと意識することで、魚たちや生物の状況が浮き彫りになるかのように見えてきたことです。

構造物の蝟集状況

構造物が出来上がるにつれ、さまざまな種類の魚が蝟集してきていることがわかってきました。貝類や甲殻類も日を追うごとに増えていました。海の中の生態が豊かになるにつれ、この状況をきちんと世の中に伝えたほうが良いという思いが湧いてきました。そして、潜水士をやめなくても、海に恩返しができるかもしれないとの希望が見えてきたのです。

その時以来、海に潜る時の視点はがらりと変わり、水中の作業と共に「海の環境」がテーマになりました。

「水中工事屋の私でも何かできることがあるはずだ」と思っていたら、それができる状況が引き寄せられてくるようになりました。一九九〇年に中東で湾岸戦争が起きました。テレビの番組でペルシャ湾が油まみれになっているのを見た時、海が悲鳴をあげているように感じ、同時にこの海を何とかしなくてはという気持ちが湧いてきたのです。

そんな時、日本政府がペルシャ湾の油拡散防止にオイルフェンスを贈るというニュースを見たのです。

「この油まみれの海にオイルフェンスを展開することなら潜水士の私でもできる」

そう思って外務省や総務省に頼んだのですが、全く取りあってもらえず、体よく省内をたら

魚礁化したアクアライン・風の塔
「水中工事屋の私でも何かできることがあるはずだ」

風の塔の水中部のイメージ

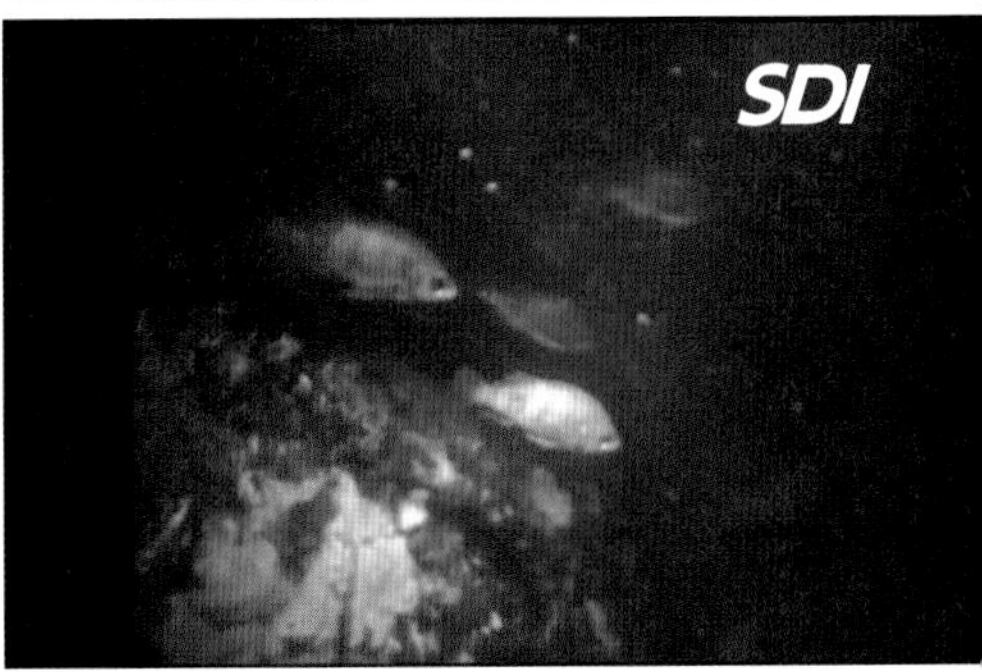

い回しにされて、相手にされませんでした。考えてみると今から三十数年前の平成の初め頃でしたから、戦争中の中東に飛び込んでいく日本人に許可を出せなかったのだと思います。

結局、イラクに医療物資をボランティアで運ぶというグループに相乗りして現地へ出かけました。まだ戦争中でしたから、現地では様々な障害がありました。

ペルシャ湾に潜って海の環境を良くしたいとか、海の状況がどうなっているか調査したいといっても、現地の日本大使館も、クウェートでもサウジアラビアでもすべて「ノー」でした。そんな中で、現地の三菱商事さんや一緒に行った日本のボランティアグループの協力もあり、船でペルシャ湾に潜水調査することができたのです。

自分には大したことができなかったけれども、せめてペルシャ湾の惨状を日本に知らせるだけのことはしなければという思いでした。

この湾岸戦争時での活動は、私に潜水士としてどう生きていったら良いのか、明確な指針を与えてくれました。

「これからは海に感謝して、海に喜ばれる仕事をしよう」「海への感謝を形にする仕事をしよう」「エコロジカルな潜水士、ダイバーとして生きて行こう」と心に決めた時でした。

湾岸戦争の時、オイル流出のペルシャ湾に潜水

毎日新聞 号外

湾岸戦争に突入

米軍などイラク爆撃

撤退期限切れから18時間後

イラク、徹底抗戦の構え

ペルシャ湾に展開中の米、英など多国籍軍は十七日午前二時（日本時間同日午前八時）ごろから、イラクの首都バグダッドなどを一斉に爆撃した。昨年八月二日のイラクによるクウェート侵攻はイラクに反対する多国籍軍の武力行使で大規模戦争に発展した。中東最大の軍事大国イラクは予備役を含め約百三十万人の兵力のほか、化学兵器など強力な近代兵器を所有。一方、多国籍軍も約四十万人の米軍を中心に約六十万人。戦闘の激化や長期化は中東地域に多大の人的、物的被害を与えるほか、石油資源を抱える地域だけに世界経済にも深刻な打撃を与えることは必至。国連などの和平工作も失敗し、世界の人々の平和を願う声は届かなかった。

多国籍軍・イラク軍配備状況

ペルシャ湾に残る戦争後遺症

海水は予想よりきれいだったが、海底には真っ黒なオイルボールがびっしりだった

海底にも黒い原油

海底に沈んだ原油でたくさんの貝類が死んでいた

ペルシャ湾記事

毎日新聞より引用

イルカから学んだ海に感謝する気持ち

「海の環境を大切にしたい」という思いを加速させてくれたのがイルカでした。若いころ、水族館に関連する仕事をしていました。その頃の仕事は野生のイルカを捕獲して飼育し、芸を覚えさせ、水族館のビジネスにしようというものでした。時がたち、海の環境を大切にしたいと活動を始めると、環境保護団体の方々ともご一緒する機会が出てきました。

平成の初め頃、屋久島で行われた「全生命のつどい」という環境のワークショップに参加しました。このワークショップには日本国内のみならずオーストラリア、カナダ、ドイツ、アメリカなどからの参加者がいました。このワークショップの人々との交流で、イルカやクジラは環境保護のシンボル的存在であることを知りました。

そして、一九九〇年代から野生のイルカと泳ぐと癒されることが話題になり始め、イルカに興味をもつ人がどんどん増えてきたのです。

環境のワークショップに参加

「イルカと泳ぐと癒される？」どういうことだろうと思いました。私にとってイルカは曲芸をするビジネスの対象でしかなかったからです。彼らと一緒に泳いで、どんな癒し効果があるのかを体験してみたいと思いました。

最初の野生のイルカ体験はオーストラリアでした。そのあと、ハワイ、バハマ、小笠原など、野生のイルカと泳げるという情報があれば癒し体験を求めて出かけていくようになりました。はじめのころは、イルカの泳ぐスピードについていけるようにと、フィンキックの練習を積んで出かけていました。

ハワイ島でもバハマでも、広い海で野生のイルカたちと泳ぐには、それなりの泳力と潜水力が必要だと思ったからです。

そんな折にバハマの野生のイルカと泳いだ時のことです。

夢中でイルカと泳いでいると、泳いでも泳いでも疲れないほどハイになる体験をしました。

しかしそれが癒しかどうかの手応えは未だわかりませんでした。

そして日本のドルフィンスイムのメッカとも言われている伊豆諸島の御蔵島へ行った時の体

野生のイルカと泳ぐと癒される?
どういうことだろう

験を話してみます。御蔵島は一五〇頭余りの野生のイルカが島のすぐそばに棲んでいる所でした。漁船に乗って五分とか一〇分でイルカの群れに遭遇できる所です。

島には黒潮がぶつかり、場所によっては潮流の速い海です。そのような海で野生のイルカたちと泳いだ時でした。潮が速い中でイルカたちと何度か遭遇したのですが、潮上に向かって泳ぐイルカたちについて泳ぐことができず、何度目かのトライで疲れはててイルカを追いかけるのをあきらめて、黒潮の流れに身をゆだねて気持ち良く流されていた時のことです。

ふと気がつくと、二頭のイルカが私の両脇にぴったりとくっついていたのです。手を伸ばせば触れるくらいの至近距離です。普段なら、「イルカだ!」と思って泳ぎ始めるのですが、その時はなぜか、そういう気にならず、黒潮の流れに身をまかせて気持ち良さにひたっていました。二頭のイルカにはさまれ、ちょうど川の字のような状態で水面に浮いていたのです。

その水の気持ち良さにひたりながら何気なくイルカを見ると、目が合いました。二重まぶたの大きな瞳がはっきりと見えました。

その瞬間、体に電撃が走ったのです。親しみにあふれた慈愛の目でした。そして私の内から自然に「私のところにきてくれて有難う」という感謝が湧いてきたのです。そして目から涙があふれてきて、内観のときと同じような感謝の気持ちがあふれ出てきたのです。

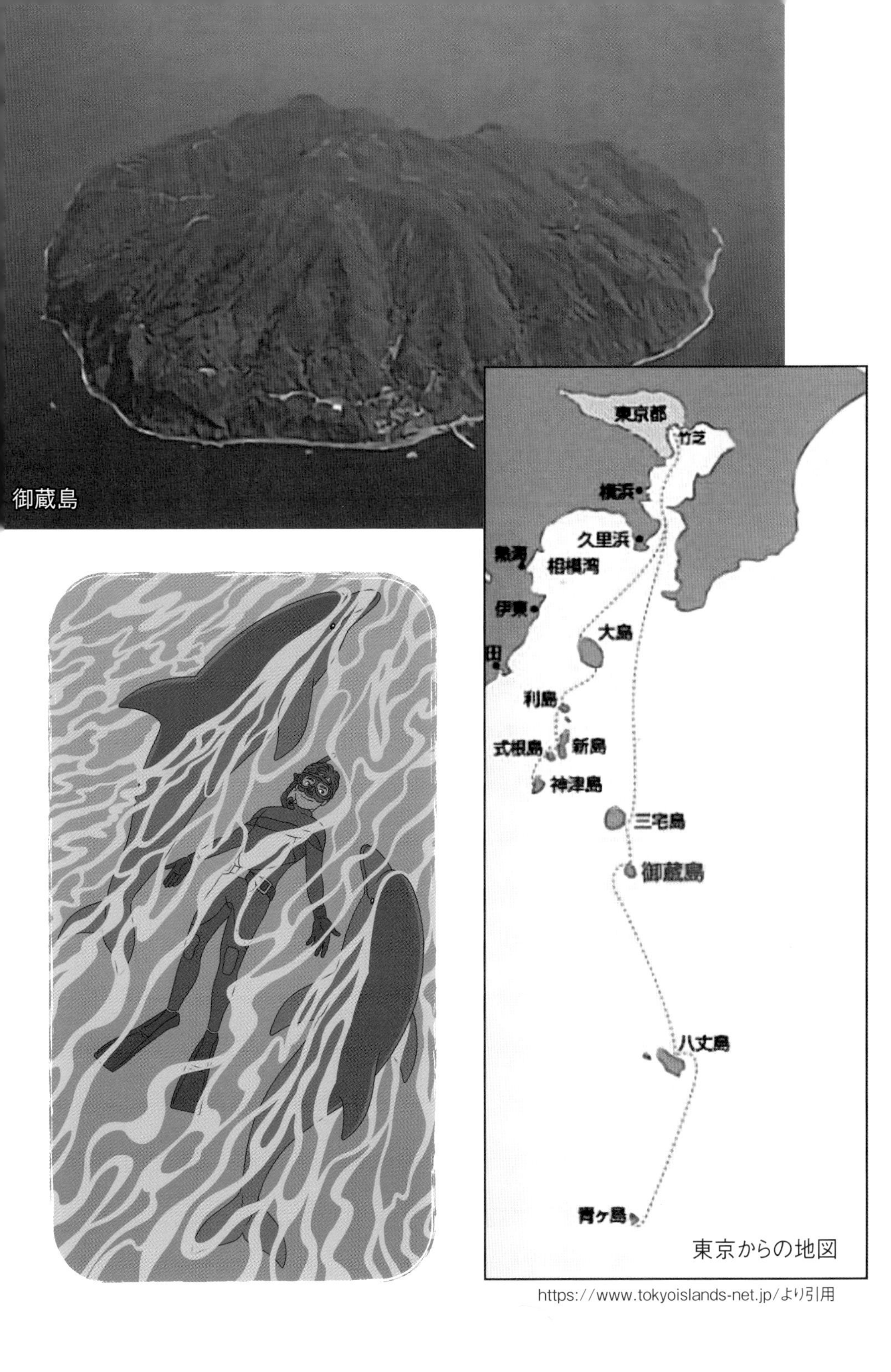

御蔵島

東京からの地図

https://www.tokyoislands-net.jp/より引用

「有難う」「有難う」と知らず知らずの間に何度もイルカたちに心の中でお礼を言っている自分がいました。それはどれくらいの時間(とき)だったか、数分だったかもしれません。イルカたちがそばに来て、一緒に泳いでくれたことに充分に満たされ、「もう大丈夫だよ、有難う」と心の中で思ったとたんでした。イルカたちはスーッと離れて仲間たちのところへ泳いでいったのです。

イルカに癒されるという感覚を味わった瞬間でした。イルカに少しでも近づこうと一所懸命になって泳いでいた時には得られなかった心地良さです。余計な力を抜いて、心も体もリラックスしていると、イルカとの距離が一気に縮まったのです。そして心と心がつながったような安心感をもつことができました。イルカが寄り添ってくれている、応援してくれている、友だちだと思ってくれているといった喜びで心が満たされ、感謝の気持ちがあふれてきました。

以来、体の力を抜いてゆっくりとていねいに泳ぐようになりました。リラックスしているとイルカや海からいろいろなものが伝わってくることも、この体験から知ることができました。

ゆっくりとていねいに泳ぐことで、海への感謝の気持ちが大きくなってきます。海の環境への意識も高まっていくようです。海に感謝する気持ちを高めるうえでも野生のイルカたちとの

野生のイルカと泳ぐ・・・癒し

出会いがあったのだと思います。

イルカが縁で海洋エネルギーの重要人物と親しくなれた

イギリスの北・オークニー諸島にあるヨーロッパの海洋エネルギーセンター（ＥＭＥＣ）に行った時でした。センターのトップの方と話している折に、どういう経緯かは忘れましたが、イルカの話題になったことがありました。

イギリスにはイルカの癒しの力を世界に広めたホレス・ドブス博士という方がいます。そのドブス博士と友人だというのです。そのおかげで、話がものすごく盛り上がりました。

「うちの妻も交えて食事をしましょう」という話になり、そんな予定はなかったのですが、思わぬ展開となったのです。その方の奥さんもイルカが大好きで動物保護の活動もしていているとのこと……。私が野生のイルカと長年泳いでいると伝えると、とても興味をもってくれました。

オークニーEMEC訪問

オークニーEMEC訪問

「今度、日本へ行きますから、ぜひ野生のイルカと泳がせてください」

ご夫婦とは初めてお会いしたのに、古い友だちのように親しくなりました。イルカがつないでくれたご縁です。ヨーロッパの見ず知らずの地で、イルカが縁で海洋エネルギーの専門家と親しくなり、日本での海洋エネルギーの取り組みに大きなはずみになりました。その後、その方を日本に招いて一緒に海洋エネルギーのシンポジウムを開くこともできました。

イルカはエコロジーのシンボル的な存在です。電力を供給するだけでなく、海の環境を良くして、漁業や地域を盛り立てていく手助けとなりました。

ヨーロッパで別の方とお会いした時もイルカの話になりました。欧米の人たちは、野生のイルカと泳いでいると話すと、一気に距離が縮まります。私のことをリスペクトしてくれて、いろいろな情報を話してくれます。

「洋上風力発電の施設ができたらイルカに迷惑がかかるのではという議論がありました。それで、イルカに発信機をつけて調査をしたら、工事でくい打ちをしている時は音を嫌がって逃げたけれども、工事が終わったら戻ってきたという報告があります」

海外でたくさんのダイバーや漁業者と親しくなった

オークニー視察

オークニー視察

そんな話もしてくれました。

イルカが逃げ出すような洋上風力発電施設だと、欧米の方々は承諾しないかもしれません。人間だけが良ければいいという発想は、ヨーロッパでは受け入れられないのだと思います。日本でもだんだんそのような方向に向かっていくことができればと思います。

海の中のすべての生き物たちの命を尊重する

イルカばかりではなく海の中のすべての生き物たちとの共生がこれからは大切なテーマになると思っています。海の生き物たちの視点で見た洋上風力発電をデザインすることが必要になってくるでしょう。環境に配慮という機械的な調査を行い、データ上だけで良しとすることが今まででした。しかしこれからはデータ、計測の科学的技術も大切にしながら海の生き物たちの気持ちを感じとる感覚も大切になると思います。

そのためには、イルカでもカメでも魚でも海藻でも、すべてに命があるということを知る必

水中で戯れるイルカ

ウミガメと魚群

要があります。魚でも、大切な命をいただくわけですから、感謝の気持ちをもって、できるだけおいしく料理し、せっかく差し出してくれた命を無駄にしないように食べることが大切だと思います。それが「いただきます」の意味だろうと思います。

洋上風力発電を計画し、建てる際にも、海の恵みに感謝するという気持ちをもってプロジェクトが進んでもらえればと思います。

海は海洋生物たちの住処です。そこに陸上で暮らしている人間が風車を建てるわけです。人間の都合だけで洋上風力発電をつくることで、本当にＳＤＧｓが達成できるでしょうか。「お邪魔します」という気持ちで訪ね、ていねいに迷惑をかけないように、できれば海の生き物たちにメリットがあるようなやり方で洋上風力発電をつくっていく方法を見い出す必要があるようです。

海をひとつの生命体だと考えれば、海にも免疫力があって、異物が侵入すれば排除しようとします。海への感謝の気持ちがないと、私たちは異物になってしまいます。海への感謝を忘れず、私たち人類も海もウインウインの関係になれるような洋上風力発電をつくってみたいと思っています。

SDI

SDI

海の恵みに感謝
SDI
海の生き物たちにメリットがある
そのような洋上風車をつくっていく

SDI

SDI

第六章

「水面下から地球を支える」

目標は温暖化で疲弊している海を再生すること

私たち『株式会社渋谷潜水工業（以下ＳＤＩ）』がどんなことをやっているのかを、ここで紹介させていただきます。

設立は一九八〇年（昭和五五年）。世界を見ると、前年のソ連のアフガニスタン侵攻に抗議しての西側諸国のモスクワオリンピックボイコット、イラン・イラク戦争の勃発、ジョン・レノンの銃殺といった、きな臭い事件はありましたが、日本経済は数年後のバブル期に向けて「これからは日本の時代だ」という活気があった時期でした。

海で仕事をしたいという理由で潜水士という道を選び、これまで東京湾アクアラインの「海ほたる」「風の塔」そして東京・臨海副都心を結ぶ「レインボーブリッジ」など、多くの国家的な海洋構造物の建設プロジェクトに携わってきました。具体的には海に潜って重機で海底を

東京湾アクアラインの建設

アクアライン全景

アクアライン・風の塔

アクアライン・海ほたる

https://tabi-mag.jp/ch0349/
https://www.e-nexco.co.jp/
より引用

ならし、構造物を水中で組み付けることや、杭と杭を接合するのに水中で溶接をすることも多くあります。危険な水中工事であっても、また汚れた透明度が全くない海の中であっても、依頼された仕事はやりとげる、そのような潜水士の仕事に誇りをもっていました。

しかし、水中工事に充実していたそんな頃、昭和も終わりに近づき、環境問題が取り沙汰されるようになってきました。熱帯雨林の伐採は地球環境を破壊するものだというようなニュースや記事を目にするようになり、自分の仕事に疑問をもち始めるようになりました。港づくりをするためにダイナマイトで海の中の磯など爆破していたのですが、海や生物の立場に立てば、とんでもないことをやっていると思ったのです。

「自分がやってきた海の開発は、海の環境を破壊する行為ではないのか」

そう思うようになったのです。世の中のためと思ってやってきた潜水士の仕事が、環境を破壊している仕事だと気づいた時、葛藤が始まりました。この仕事を続けるべきか、やめるべきか、そんなところまで思いつめるようになっていました。

経営者として社員や家族の生活を守ることと、海の環境を破壊している自分の仕事との間に挟まれ大きなジレンマを抱えながら日々を過ごすようになりました。

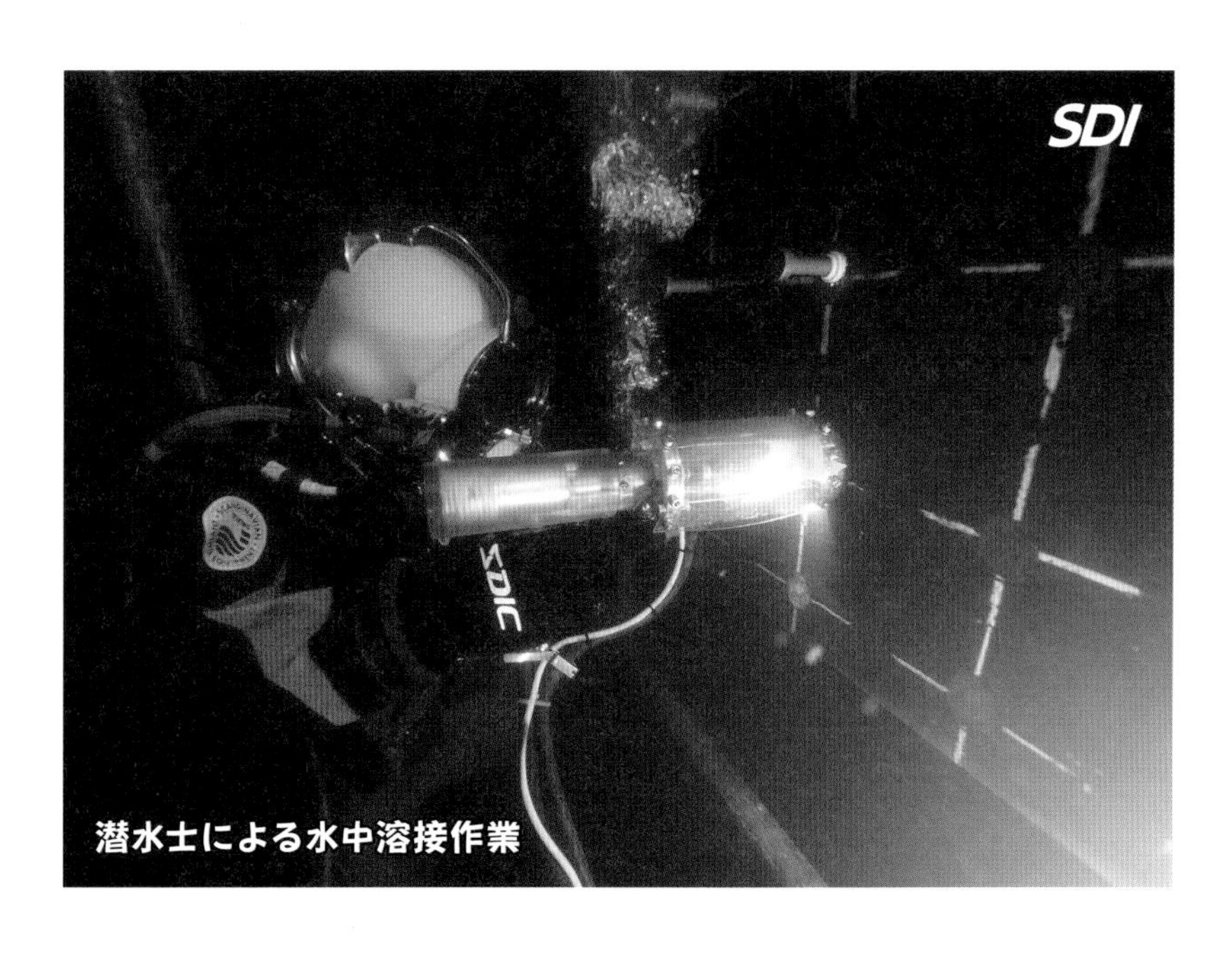

潜水士による水中溶接作業

潜水士による水中切断作業

今から考えると、海の環境、海の生き物に配慮した海洋工事への目覚めがこの時にあったのだと思います。

一九九〇年（平成二年）、バブル末期です。東京アクアラインの建設工事に携わっていた時のことです。水中の構造物の設置工事で「風の塔」に潜水した時でした。水中でキラッと光る魚たちの群れに出会いました。クロダイでした。そしてこれまでも、水中の構造物ができると魚たちが集まってきていたことを思い出したのです。

「海洋構造物は悪いことばかりではない。やり方によっては、生態系を豊かにするかもしれない」という思いが、この時出てきたのです。自分の水中工事の仕事は、海の環境や生物の環境を壊していると思って悩んでいたのですが、この気づきは一条の光がさすような出来事でした。

以後、海洋構造物が海の環境にどんな影響を与えているのか、自分の目で観察するようになったのです。水中工事という視点だけでなく、海の環境や生物がどうなっているかという意識で海の中を見ると、それまでとまったく違う海中世界が見えてきたのです。構造物には数々の種類の魚たちが集まってきたり、場所によっては独自の藻場が形成され、海が豊かになっているのです。

「テクノオーシャン'98 第7回国際シンポジウム」に発表した要旨

海洋構造物の魚礁化現象にみられる今後の可能性

A Future Possibility Seen in the Phenomenon that Fish Tend to Gather Together

Around Underwater Structures

渋谷正信　株式会社 渋谷潜水工業　代表取締役

Masanobu Shibuya　Shibuya Diving Industry,CO.,　Managing Director

柴田雅和　海洋構造物環境リサーチ・センター

Masakazu Shibata　Underwater Structure Environment Research Center

KEYWORDS：　海洋・海中環境、現場、Divers eye、融合、前・中・後の流れ

ABSTRACT

Through 25 years of experience in underwater construction work, I have observed conditions in the water and on the bottom of the ocean. In the beginning the focus of my work was to check the status of the construction project. I did not pay much attention to the underwater environment. When some time had passed after the completion of the construction, however, I noticed when I dived there that fish were gathered around the surroundings of the underwater structures. From that I learned about the relatio nships between underwater structures and the lives of marine plants and animals.

This is a report on the conditions of underwater environment, and especially on the existence of fish and shellfish in relation to underwater structures, from the viewpoint of a diver who is involved in underwater construction. This report will present several cases and discuss a future possibility of the relationships between fish and underwater structures.

1. はじめに

本件は、長年潜水士（以下、プロダイバー）として海洋構造物の建設・調査を行ってきた経験から海中・海底の状況を報告するものである。

海洋構造物や港湾施設を建造する際に、水中部の施工に関しては、潜水士が行う。又、施設の建設にともなう水中部の事前の調査にも、潜水士が携わる場合が多い。したがって潜水士は施工前の海中、施工中の海中、施工後の海中と連続して、日常的に構造物周辺の海中・海底を観察する機会に恵まれている。 しかしプロダイバーは潜水工事の専門として、海洋・港湾・水中工事の一部を請け負うものであり、又、調査に関しても必要なサンプリングをするとか、指定された部分の撮影を行うという範囲のものであってそれ以外の海中情報について発することは少なかった。

一方、近年になって環境問題が表面化してきており、海においては特に海洋・海岸構造物と環境破壊、もしくは漁場破壊について、解決する必要がおきている。しかし、その方法については陸上の視点からのものであったり、データー情報の範囲であったりで、水中という実際の現場性に乏しいものがある。海中、海底の潜水作業を日常的に行っているプロダイバーに蓄積されている海を見る目としての資源を活かせないだろうか、そのような発想が本件を発表する出発点となっている。

私事になるが、プロダイバーとして25年間余り、多種多様な潜水工事をとおして、海中・海底の状況をみてきたが、当初は工事を施工するというのが主であり、したがって海中環境がどうなっていくのかという視点で、海の中を意識することは少なかった。しかし、海中構造物を施工して日が経つにつれ、構造物の周辺に魚影が濃くなってくることも、潜水をする度に目に入り、構造物と水中生物との関係性を実際的に知るようになった。潜水工事をする人間の目からみた海中・海底の環境状況、特に魚介類の有無という面から何点かの事例をもって報告し、今後の海の自然・生態環境と構造物との可能性を探ってみた。

こうした海中工事を進めながら、海の環境や生物の生息状況を観察することが習慣となってきました。

現在の渋谷潜水工業は、そうした体験をベースに、「水面下から地球を支える」とか「海と人の心を結ぶ」を合言葉にして事業を展開しています。

今、目標として掲げているのが地球温暖化や海洋汚染などで疲弊している海を再生させることです。

私たちは目標達成のために三つの柱を掲げて活動しています。

1. 海の環境と調和するものづくり
2. 海の中の森づくり
3. 海と調和する人づくり

です。

海と調和する人づくり
SDI

SDI

海の環境と調和するものづくり

海中工事というと、どうしても環境の破壊、生態系のバランスを壊すなどのリスクが伴います。海を開発する技術や設備、知識はどんどん蓄積されて、大きな工事もできるようになってきましたが、海の環境を守りながら工事をどうするか、ということについてはどうしても弱くなってしまいます。

しかし、海中工事は海の環境を壊すばかりではありません。海を豊かにすることもできるというプラスの面にも目を向け、その方面の技術や知識を集めて、積極的に最新の技術・設備を導入するようにしてきました。

これからは人口の減少や、海洋工事の高度化などで、潜水士に頼る仕事はどうしても限界があります。また水中工事の熟練したダイバーを育てるには時間もかかります。水中バックホウや水中ロボットなど最新技術を使うことで、安全で効率良く正確に仕事を仕上げてくれると思

新しい潜水設備の導入

水中工事の技術開発

います。最終的な判断は人間がするわけですが、人と機械・ロボットが共生する仕組みをつくることが大切だと思っています。

〈水中遠隔操作ヴィークルROV（Remotely Operated Vehicle）〉

リモートリィ・オペレイテッド・ヴィークル、通称ＲＯＶ〔アールオーブイ〕を使用すると、船上にいて海の中が手に取るようにわかります。磯焼けがどうなっているのか、魚礁を置いた場所に魚が集まってきているのか、ダムの調査、水路や水没したトンネル内の調査、放射性物質の検査など、水の中の様子をリアルタイムで見ながら、あるいは録画して見直して、現状や対策を練ることができます。

潜水士と違って長時間深い海に入って作業ができますし、潮の流れが速い海域でも調査ができます。高精度のカメラを搭載しているので、透明度の悪い海の中でも、非常にクリアな映像を撮ることが可能です。

〈水中バックホウ〉

水中工事ではこの水中バックホウも大活躍してくれています。陸上の工事現場で地面に穴を掘ったり、構造物を壊したりする建設機械をよく見かけると思います。それをバックホウと言

潜水士とROVが共生する海洋工事をめざす

洋上風力のケーブル調査
ROVの投入

います。そのバックホウを水中でも使えるようにしたものです。

バックホウを使って水中で作業をすると、作業内容にもよりますが、潜水士の何倍もの量をこなします。構造物を設置するのに、前もって海底を地ならしするのですが、たとえば潜水士だけで仕上げる量が一日一〇㎡だとすると、水中バックホウだと一〇〇㎡余りを仕上げることができます。

水中バックホウを潜水士が上手に使うことで、大きな水中工事ができるようになっています。

また、潜水士は海の中で、金属を切断したり、溶接もしています。仕事を行うところは海の中ですが、溶接や切断など、やっていることは陸上でビルを建てるのと同じような作業を行っています。ただ水の中での仕事だけに、波で体が揺れたり、潮の流れがあったり透明度が悪かったりと、難易度は高くなります。

水中バックホウを操縦して水中作業をやるにせよ、また水中で鉄鋼材を溶接したり切断したりするにも、それなりの〝技〟を身につける必要があります。こうした水中の職人的技を高めながら、海を豊かにしたいという思いを実現する道を追究しています。

より良い魚礁をつくるにも、より良い漁場を造成するにも、そしてより良い洋上風車の水中

水中バックホウによる藻場再生

水中バックホウによる海底の石均し

基礎をつくるにも、潜水士の職人的技を活かす場はこれから多くなると思います。

海の中の森づくり

海の中には海藻が生い繁った「海の森」があります。魚や貝にとっての生きる場です。そして海の森の CO_2 の吸収率は熱帯雨林より高いと言われています。

この海の森を「藻場」と呼んでいます。水生生物の餌場であり、住処（すみか）であり、産卵場であり、稚魚（ちぎょ）の成育場でもあります。魚や貝たちにとってはなくてはならない場所なのです。

また、窒素やリンを吸収することによる海水の富栄養化の防止、透明度の増加、生物に必要な酸素の供給など水質浄化の働きもあります。海を豊かに保つ上で藻場の存在はとても重要です。

ところが、海の生物、環境にとってきわめて重要な藻場が地球温暖化や海の汚染などで減少

豊かな海藻の森（五島のヒジキ）

豊かな海藻の森（銚子のアラメ）

の一途をたどっています。二十数年前より、この藻場の調査・再生をテーマに日本の沿岸の海中を潜水調査してきました。

北は北海道から南は沖縄までその数は六十カ所以上にのぼります。そこでわかってきたのが、海藻が消失する磯焼け現象でした。

日本沿岸の磯焼けはとても深刻です。磯焼けになりつつある海中を見て、これを何とかしなくてはと思い、とりあえず海の中の磯焼けを機会あるごとに発信するようにしました。しかし、ここ五~六年は磯焼けの進行が急激に進み、アッという間に海の中の海藻が消えてしまっています。


私には海で働き、海で生きてきた人間として「海に恩返しをしたい」という思いがあり、その思いが海の生態系の重要さを担っている藻場の再生に力を注ぐようになりました。

幸い会社のスタッフも危機感をもってくれて、潜水士の人力と最新の機械の両方を使って、海中環境がどうなっているかを診断し、さらにはどうすれば再生させることができるかをテーマに活動しています。

海藻を調査するダイバー（利尻島のコンブ）

海藻を調査するダイバー（石川県能登のワカメ）

磯焼けの再生を行う場合、大切なのは海の現状を知ることでした。いつから藻場の減少が起きているのか、海に流れ込む河川水の汚れはどうなのか、海藻を食べる生物は増えていないだろうか、魚たちの種類や数はどうなっているだろうか、水温や潮流に変化は起こっていないだろうか。そうしたことをていねいに調査することから始めています。

海の現状が明確になってくると、次のアクションをどうしたら良いか、対策案が浮き彫りになってくることがあります。

ひとつの例になりますが、海藻を食べる生物にウニがいます。ウニは海水温が低くなる冬場になると活動が弱まると言われています。以前でしたら冬の間はウニの摂食活動が弱まり、その間に海藻は成長して、豊かな藻場をつくります。温かくなったら、ウニたちが活動を始めて海藻を食べるというサイクルでした。藻場が消失するほどにはウニは海藻を食べませんので、ウニも海藻も残るというバランスが保たれていたのだと思います。

しかし、海水温が上昇したことで、ウニたちが一年中活発になって、海藻を食べるようになり、海藻とウニのバランスがくずれたのです。また以前はウニを獲る漁業者さんもたくさんいて、適度にウニは間引きされていた地域もあるようです。

海藻を調査するダイバー（石川県能登のホンダワラ類）

海藻を調査するダイバー（石川県能登のホンダワラ類）

しかし、そのバランスがくずれてウニが多くなり、同時にウニの摂食期間も長くなり海藻が食べつくされてしまうという現象になっています。ウニの数が一メートル四方で二～三個以上になると磯焼けが進むと言われているので、藻場を守るには、ウニを減らす必要があります。漁業者さんたちと協力してウニを獲るというのも地味な作業ではありますが、藻場を回復させるひとつの方法になっています。

また、藻場再生ということでは、人工のブロックを水中に設置する場合もあります。これまでは、メーカーがつくったブロックを海域の実態を詳細に調査せずに設置することが多くありました。そのようなやり方ではムダが多く、海藻の増殖にも大きな成果を生んでいません。その海域に合ったブロックやその設置方法を見つけ出し実行する必要があります。

私は洋上風力発電の魚礁化や漁業共生デザイン創りに取り組むことで、海中構造物と海中生物や魚、海藻の関係性を見る機会が非常に多くなりました。経験を積み重ねることでノウハウのようなものができてくるようです。その経験値を生かして、より効果的なブロックや魚礁づくりにも取り組んでみたいと思っています。

先ほど紹介した水中バックホウやＲＯＶなどの設備も整ってきましたので、どうしたら藻場

ウニの食害による磯焼け[ウニの除去作業]

ウニの蝟集状況を調査

が回復するか、さまざまな角度から調査し、研究し、何とか海の砂漠化を防ぎ、そして再生させていきたいと思っています。

海と調和する人づくり

海と調和するには、心と体の調和を保つことが大切だと思っています。

心と体の調和とはどういうことでしょうか。私は心（意識）が自分の体をいたわってあげることが調和のひとつだと思っています。自分の体を酷使したり、暴飲暴食をしたりと、その人の意識次第で体はこわれていってしまうようです。自分の意識（心）が自分の体の調子をこわしてしまうわけです。そうならないためにも私たちは時々立ち止まって自分の意識（心）が体と調和しているかどうかチェックする必要があるようです。

私のところでは、水の中を活用した心と体のバランスをとる水中塾「ハートフルスイム」という活動を行っています。プールや海で水と親しんだり、野生のイルカと泳いだりしながら、

野性のイルカと調和して泳ぐ

野性のイルカたち

心の持ち方の大切さに気づくセミナーですが、自分の体を大切にする気持ちが自然への感謝につながっていくようです。

私自身、だれにも負けないダイバーになろうと懸命に技術を高めてきました。海中で作業をする職人としては、テレビや新聞、雑誌で取り上げていただけるほどになりました。

しかし、それだけでは海の破壊者で終わっていたと思います。自分の心の内面を見ることで、自分がどんな人間かを知ることができ、海に対する感謝の思いが深まってきて、見える景色が違ってきました。

海の中を単なる仕事場と考えて潜るのと、海に感謝しながら潜るのとでは、見える景色が違ってくるようです。環境や生物のことを意識して水中に潜ると、ちょっとした海の変化にも気づくことができます。海中の構造物に魚がたくさん集まっていることに気づけたのは、私の技術力だけではなく、感性の問題でした。

どういう気持ちで海に潜るのかによって、仕事の内容も違ってきます。

海に潜る時は楽しんだり仕事をする場ですが、命の故郷というくらいの気持ちで接することもあります。そのような無言のコミュニケーションが、自分の心と体と海とのつながりを感じ

現場写真コンテストのアルバム

させてくれるのではと思います。

海と調和した人づくりでは、社員研修でも活用しています。その中のひとつが「水中撮影」です。もともとは現場の状況や作業の進行具合を報告するために社員たちが現場の撮影をしていたのですが、その写真の出来映えが良いので、社内で「現場写真コンテスト」を始めました。

コンテスト上位の作品を集めて写真集もつくっています。写真を撮ろうとすることで海の中をよく観察するようになり、思わぬところに目が向いて、海のことをより深く広く知ることができるようになっています。日々の海中作業を単なる作業ではなく、海を愛しく思う気持ちをもって潜ることで、海の環境や生物のことを思いやる仕事になるようです。

このような仕事の取り組み方をしてきましたが、洋上風力発電の事業では、そのことが生かせることに気づき、それを前進させるよう力を尽くしています。

電力をつくり出すだけでなく、海の環境を良くし、漁業者さんや地域の方々が豊かになる、共存共栄の仕組みをつくることが、会社の方針である「水面下から地球を支える」の実践だと思っています。

故郷の海に貢献したい思いで完成した観測ブイ

私の故郷は、北海道東部にある白糠(しらぬか)町です。漁業が盛んな町で、サケ、マス、毛ガニ、タコ（やなぎダコと称され、美味と言われています）、ししゃもなど四季を通して美味しい魚貝類がとれる所です。

その北海道の海にも地球温暖化の影響が……。町の漁獲高の大半を占めるサケ漁の定置網に

白糠漁港

サケが入らず、南方のブリが入るようになったのです。このままでは白糠の漁業はジリ貧になってしまう。そういう危機感を地元の方々、とくに町長や漁業組合長は感じたようです。

漁獲量が大幅に減ったサケ漁の対策をどうするか、ということになり、その第一歩として、自分たちの海・前浜の漁業環境がどうなっているかを調査することになったのです。海の実態を調査して見える化することで、次にどうしたら良いかがわかってくるからです。白糠町からその依頼を受け、生まれ故郷の海を調査することになりました。

故郷を離れて五十数年がたち、まさか自分

の生まれ育った海に潜って調査することになるとは夢にも思っていませんでしたが、故郷の海に貢献できるならと、喜んで引き受けました。

調査は大きく二つの柱で進んでいきました。ひとつは、海の実態を知る前浜の見える化の調査、もうひとつは年間を通してリアルタイムで前浜の海の状況を知りたいということで、漁業用観測ブイの設置でした。観測ブイ設置の動機は、赤潮の被害が道東沿岸に発生したことと、新しく始めるホタテ養殖のためでした。

ホタテの沖合養殖を成功させるためには、常に海の状態を見ながら、何か異常があったらすぐに対処できるようにと、リアルタイムの観測ブイを設置することに。白糠町のホタテ沖合養殖にかける意気込みと慎重な取り組み姿勢には、胸を打たれます。

白糠町と弊社とのコラボレーションで完成したのが「海中マルチ観測ブイ」です。

調査したい海域に、このブイを浮かせておきます。ブイには「潮の流れ」「波の高さ」「海水温」「プランクトンの数」「音圧」を測定できるセンサーが取り付けられています。そして、そのデータはリアルタイムに陸に転送できる仕組みになっています。

漁業者の方々は、陸上にいながら、海の状態がリアルタイムでわかるのです。

北海道白糠町とのコラボレーション
リアルタイムで海況を観測するマルチ観測ブイ

SDI

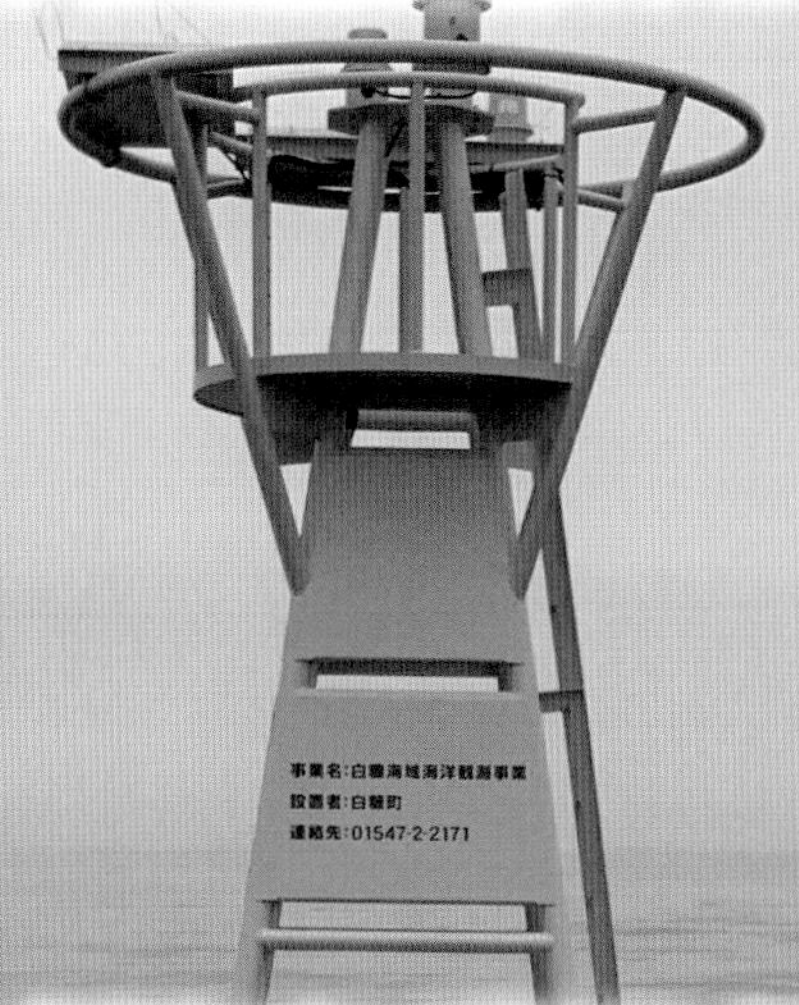

漁業者の方々は陸上にいながら
沖合の海況がリアルタイムにわかる

北海道白糠町沖の観測ブイ

「潮の流れ」「波の高さ」「海水温」「プランクトンの数」「音圧」がリアルタイムでわかるシステム

このマルチ観測ブイは、白糠町だけでなく、日本各地の漁場や洋上風力発電の現場でも活躍できます。

たとえば、海が荒れているとき、船を出すかどうかは漁業者の方の経験と勘で決めていました。ベテランの漁業者さんなら正確な判断ができますが、若い漁業者では決断できないことがあります。

そんな時、ブイからのリアルタイムなデータがあれば、今日は波の高さが高いから船を出すのをやめようと決めることができます。あるいは、潮の流れによって、どんな魚が獲れるのかといったデータも取ることもできます。漁業をする時に、とても役に立ちます。

水温のデータを集めれば、どれくらいの水温の時、どんな魚が獲れるのかもわかるはずです。

北海道白糠町沖の観測ブイ

北海道白糠町沖の観測ブイ

また、その海域の水温をデータ化すると、温暖化の影響を受けているかどうかもわかるようになります。水温が高くなっていれば、ウニなどが活発に動いて海藻を食べ、海藻が減少している可能性があります。

海の水温がデータとして見える化されることで〝どんな対策をすればいいのか〟いろいろなアイデアが出てくると思います。


洋上風力発電の現場でも、この日本製観測ブイは活躍できます。日本の荒い海にも耐えられるような設計にしました。海外製の観測ブイが流されるというような事故があるからです。

洋上風力発電では定期的に点検をする必要があります。点検を行う技術者は、港から船で風車まで行って、風車のハシゴに乗り移ることになります。この時、波が高いとハシゴに乗り移れません。波高が一・五メートル以上あると、船が風車に接近しても、乗り移れずに引き返すことになります。

観測ブイがあればどうでしょうか。船を出す前に波の高さがわかります。船を出すかどうかの判断ができます。また、一年を通して波の高さのデータが取れれば、船で洋上風車に出かけるメンテナンスはどの時期が良くて、年に何回くらいできるかという計画も立てられます。

洋上風力の定期点検は船で渡る

洋上風車への接岸

漁業者の方にも洋上風力発電にかかわる方にも役立つ日本製のマルチ観測ブイが故郷の海で活躍しています。

海に恩返ししたい

潜水士の職について五〇年余り、日常的に海に潜って仕事をしてきたので様々な体験を重ねてきました。そして、それが海を通した知見として私の内に蓄積したのだと思います。海に潜ると自然に海の環境や生物・漁業環境などがどうなっているのかを診断できるようになってきました。

そしてこの海域では生物環境をどのようにデザインしたら豊かさが再生できるのかも予測できるようになってきています。この海から得られた知見と技術で、自分を育ててくれた海に恩返ししたいと思っています。洋上風力発電に出会って、その願いが叶う希望が大きく膨らんでいます。

構造物に蝟集するアジ

ムツの群れ

ビジネスライクに仕事を進めることも大切ですが、一方でこうした海の恵みに感謝して仕事を進めることで、地域の方々や漁業者の方々との関係性が良い方向にいくと思います。

こうした我々の仕事の進め方に、電力事業者の方々も賛同して協力してくれることが多くなっています。さらに若い漁業者さんや学生さんにも海の恵みに感謝することをベースにした事業の進め方を伝えると、非常に関心を持ってくれて、手応えを感じています。

地球温暖化、自然災害、感染症、戦争など、世の中は問題が山積みですが、人類は必ずやこの難局を乗り越えられるはずです。否定的な出来事が多いからこそ、自分の生きている持ち場を明るくプラスの方向にしたいと思っています。

洋上風力発電と地域や漁業との共存共栄のプロジェクトへの道は課題もありますが、その課題をポジティブにクリアーして明るい未来を拓きたいと思っています。

海の恵みに感謝する
「漁業や地域と共存共栄する洋上風力発電」
SDIグループ
一般財団法人 海洋エネルギー漁業共生センター

エピローグ
――善き経済効果を生み出す洋上風力発電づくり

経済と環境問題は本当に両立しないのでしょうか

昭和三〇年代からの日本の高度経済成長とその後のバブル時代。私たちの物欲はとどまることを知らず、もっともっとと欲望は膨らみ続けたのだと思います。私自身もその物欲の真っただ中で生きてきました。

お金さえあれば何でもできるといった風潮が世の中を覆っていて、欲しいものを手に入れることが良しとする時間をすごしてきたと思います。

ところが私たちが好景気に浮かれていた裏側で何が起こっていたのでしょうか。

古くは水俣病、四日市ぜんそく、イタイイタイ病など、環境汚染による弊害が明るみに出てきました。当時の企業は、生産性や利益ばかりを追求し、地球環境のことなど考慮しないところがたくさんありました。大気も河川も海もひどく汚染され、その影響が人間にも降りかかってきたわけです。

一方、そういった過去がありますので、経済成長を悪者のように思って、経済を追求する活動は環境を破壊するのではないかと考える人も出てきました。

私も会社を経営している身として、経済と環境問題のはざまで大きなジレンマを抱え、もがき苦しんだ時期がありました。しかし平成二年からスタートした東京湾アクアラインの建設工事のときに、海洋構造物は魚礁化するという可能性を発見し、以後、その可能性を追求してきました。

私たちは今、経済活動無しでは生活が成り立たないのも事実です。そうした中で、どのように地球の環境や生き物たちと共生することができるのかを発見する必要があります。

環境を良くし、生き物も豊かになり、同時に私たちも幸せを感じられる経済活動ができるようになるには……。そのような思いを持って、海の仕事をやってきました。

そんなときに洋上風力発電に出会ったのです。

洋上風力発電はCO_2を排出しない発電法です。そういう意味では、地球の温暖化防止に大きく貢献するものです。

しかし、もし仮に、海に風車を建てることで海の環境が悪化したらどうでしょうか。現在、日本では多くの漁業者さんが、洋上風車を自分たちの海に設置することで〝漁場が荒れたらどうしよう〟とか、〝魚が獲れなくなるのでは〟という不安を感じています。

一方、洋上風力で発電を進めることで、雇用が生まれ、風車の部品などを作る経済活動ができ、設置工事やメンテナンスの仕事があるので一定の経済効果はあります。ただ漁業者さんの不安は、そのような経済効果だけで本当におさまるでしょうか。

私は十数年前より洋上風力発電を設置するのなら、海の環境や漁業が豊かになるような、漁業と共存共栄する洋上風力発電づくりをめざしてきました。洋上風力発電が単なるCO_2を出さない発電で、今までのような経済効果がありますというビジネスモデルではもったいないと思ったからです。

事業者さんをはじめ、洋上風力発電にかかわる方々には、このことを伝えたいと思っています。洋上風力発電はCO_2削減という地球環境全体に貢献するプロジェクトです。だからといって、高度成長のときのように、生産性と利益さえ上がればいいという考え方でプロジェクトを進めては、以前と同じ害を出す危険性をはらんでいます。

人間にも海にも地球にもプラスになる「ものづくり」

海にも地球にも、そして人間にもプラスになる経済活動を「善なる経済」と仮定してみます。善なる経済を実現するには、人間のご都合主義や経済最優先という考え方を見直すことが必要になると思います。

海の身になって考えれば、温暖化の影響で海水温は上昇し、海の生態系が狂ってきています。日本の海ではその影響で海藻が激減し、磯焼けという症状が出ています。海藻がなくなることで海の中の生態系が狂い、魚貝類、生物たちも激減してきています。

海藻は水中に溶けているCO_2を吸収して、水中に酸素を出してくれています。CO_2を吸収する海藻たち、水中に酸素を供給してくれる海藻たちが、海の環境や生物にどれくらい重要かわかるでしょう。その磯焼けを海は、地球は何とかしてほしいと思っているはずです。

磯焼けで海藻が消えて焼野原のようになった海と、海藻が繁茂して生物の多様性が豊かになり、多くの生き物たちが生息する海とでは、どちらが平和で幸せでしょうか。

洋上風力発電の海域がそのように生物多様性と漁業資源が豊かになると、経済活動はどうなるのでしょうか。漁業者さんは魚を追いかけて漁場を探し回る手間がはぶけます。洋上風車の立つ海域に行けば魚が獲れるとわかれば、気持ちも落ち着くはずです。その分、生活や心に余裕ができ、ガツガツしない漁業を営むことができるようになるのではないでしょうか。また漁場が近いので、家族の方々も安心して漁に送り出すことができるでしょう。

豊かな漁場が近くにあって、そこでの漁だけで生計を立てることができるなら、多少高齢になっても漁を続けることができるかもしれません。また漁業をやろうという若い人たちも出てくるはずです。若い人がその町で結婚して子どもが生まれ、子どもたちがはしゃぎ回る町には活気が生まれ、住んでいて楽しい町になるはずです。こうした経済効果もあるのではないでしょうか。

さらには今のところ漁船の燃料は軽油や重油を燃やすので、たくさんのCO_2が出ます。漁場が近くなれば燃料も少なくなり、その分CO_2の排出も減ります。また技術が進んできて燃料電池船が使用できるようになった時も、漁場が近いことはプラスです。

このように洋上風力発電は、その海域の漁業資源が豊かになると様々な経済効果が生まれてくることがわかります。海にも地球にも人間にもプラス（幸せ）にする善なる洋上風力発電づくりは大きな幸せを生み出す可能性があります。

洋上風力発電と漁業が共生する海づくりのメリットを、もう一度整理してみますと

①洋上風力発電の海域及びその周辺の海域が生物多様性になり、漁業資源が豊かになる。
②漁場が近くになり、安全安心の漁業が営まれる。
③漁場が近いので船の燃料費がかからない。また船のエンジンから出るCO_2を低く抑えられる。
④近距離で漁ができるのでCO_2を出さない燃料電池船が使える。
⑤漁場が近いので高齢の漁業者でも働くことができる。
⑥漁獲が安定してくるので若い漁業者が出てくる。
⑦若い夫婦が増えて子供がいる活気のある地域になる。
⑧藻場がCO_2を吸収してくれるのでカーボンニュートラルに貢献する。

あとがき——海の恵みに感謝

新型コロナウイルス、ウクライナ問題など、世界が激動する中、日本の洋上風力発電が本格的にスタートをきりました。こうした時期に洋上風力発電が注目されるのは意味のあることだと思います。石油や天然ガスなどを高額で海外から輸入して、火力発電でCO_2を大量に排出しながら電気づくりをしている日本のあり方、すなわち私たち国民の考え方を変化、進化させる大きなチャンスになると思うからです。

これまで、地球の資源は人間が利用して便利な社会をつくるのに何の疑問も持たず、ここまできたのだと思います。

石油や石炭を掘ってエネルギーにして世の中は便利になってきました。そんな社会を私たちは何の疑いもなく享受してきました。便利さや経済的繁栄を良しとしたその結果が地球の温暖化でした。

資源は石油や石炭ばかりではありません。魚も水産資源です。獲れるだけ獲って、保護しようとしなかった漁業にも限界が見えてきたのでしょう。そして温暖化とのダブルパンチで、漁業のあり方の見直しが必要になってきているようです。

私自身も偉そうなことは言えません。港や防波堤をつくるのに磯をダイナマイトで爆破するような工事をたくさんしてきました。海の破壊者でした。その当時は、そうした行為に何の疑問も感じませんでした。

今になって、環境の大切さを痛切に感じるようになりましたが、当時は自分のその仕事に誇りをもってやっていました。

しかし環境という視点、生き物たちからの視点から自分の仕事を見直した時に目が覚めたのです。自分は海の破壊者だったと……。その気づきがあったから、今、豊かな海を取り戻すにはどうしたら良いのか、自分にできることは何かと真剣に考えるようになったのだと思います。

本書を通して、洋上風力発電の可能性を、エネルギー供給という面だけではなく、海の環境や漁業資源や生き物たちの豊かさにどう役に立つかといった視点からも見ていただければ幸いです。

石油も石炭も魚も、私たちは地球からいただいています。そのおかげで、今の文明を築くことができ、それは当たり前なことではなかったのです。

だれかから何かをいただけば、私たちは「有難うございます」と感謝します。地球に対しても同じではないでしょうか。目に見えませんが、この地球、自然への感謝の気持ちを忘れてはいないか、今一度見直す時がきているようです。

風も地球の資源です。洋上風力発電では、その資源を使わせてもらうわけです。「風はタダだから」と言う人もいますが、風も地球からのいただきものだと思います。

私自身、自分の潜水工事を通して、海に対してひどいことをしてきました。港をつくるにも、防波堤をつくるにも、海の環境や生き物たちへの配慮を考えず、仕事を通して自分の利益ばかりを追求してきました。港や空港をつくることは社会のためということもありましたが、自分の都合のいい、一方的な考え方、生き方でした。本当に社会のためと思うなら、海の環境や生物を大切にする工事の進め方が必要だったのだと後で気づいたのです。

そんな自分の生き方がハッキリと見えてきた時、海に対して申し訳ないという気持ちがわいてきたのです。海は私に仕事という場を与えてくれて、私や家族、従業員を養ってくれていました。父や母に育ててもらい、数え切れないくらいのお世話になっておきながら、そのことに気づいていなかった自分のようでした。

そう気づいた時、心の底から海や自然に感謝の念が湧き上がってきました。感謝の気持ちは何かお返しをしたいという思いになり、〝海のために何か恩返しできることはないか〟そのような気持ちで海を見るようになったのです。

そして目に映る海の光景が違ってきました。東京湾アクアラインでの工事で、自分の仕事は海を壊すだけではない、役に立てることがあるはずと、水中に潜っていた時に、海洋構造物に多くの魚が蝟集していることが目に入りました。

「人工物が魚礁化する可能性がある」

以来、三十数年、どうやったら海洋構造物と海の生き物が調和することができるかと模索する日々が続きました。

そのような経緯を経ての洋上風力発電との出会いでした。そして、洋上風力発電が、お世話になった海への恩返しができる可能性があると思って、十数年前よりその普及と啓蒙に取り組んでいます。

どんなに高度な技術、高い理想があっても、感謝の気持ちとその行動が伴わない開発には必ず問題が生じることが地球の温暖化で明白になってきました。

CO_2を排出しない洋上風力発電は日本のエネルギーの柱になる方向に動くはずです。地球の温暖化を地球規模で調査しているＩＰＣＣ（気候変動に関する政府間パネル）は、この一〇年間の我々人類の選択が地球を火の玉にするか、我々が生き続けられる地球にするかを決定すると警告しています。

そういう中で日本の選択は化石燃料から海洋エネルギーへと向かうしかないのだと思います。しかし、ただ電力を変えるというだけでは並の価値でしかありません。疲弊した日本の海や漁業を同時に再生させるという高度な附加価値を創出する挑戦も必要だと思います。

これから急ピッチで洋上風力発電の事業が進んでいくと思います。たくさんの企業や人、漁業者、地域の住民、行政などがかかわることでしょう。

そのすべての人が自分たちの利益だけでなく、声なき自然環境や海、生物たちのことも考えてプロジェクトを進めていただきたいと願っています。

〝海の恵みに感謝〟を形にする「漁業や地域と共存共栄する洋上風力発電」に出会えたことに感謝して、筆を置きたいと思います。

最後までお読みいただき有難うございます。

力を合わせて、未来の人類にすてきな地球を残そうではありませんか。

渋谷　正信

［SDI　渋谷潜水グループ］

1. 株式会社　渋谷潜水工業
所在地：平塚・川崎・東京・五島・長崎
ＨＰ　：http://www.shibuya-diving.co.jp/

2. 一般社団法人　海洋エネルギー漁業共生センター
所在地：五島・平塚・長崎
ＨＰ　：http://www.sdi-marine-energy.com/

地域や漁業と共存共栄する
洋上風力発電づくり PART2

2024年4月20日　初版発行

著　者　渋谷正信
発行者　真船美保子
発行所　KK ロングセラーズ
東京都新宿区高田馬場 4-4-18　〒 169-0075
電話（03）5937-6803 代）　振替　00120-7-145737
http://www.kklong.co.jp

印刷・製本　（株）ブックグラフィカ

落丁・乱丁はお取替えいたします。
※定価はカバーに表示してあります。

ISBN978-4-8454-2514-3　C0030
Printed In Japan 2024